科技发展与教育变革

朱永新　袁振国　马国川 | 主编

KEJI FAZHAN YU JIAOYU BIANGE

山西出版传媒集团　山西教育出版社

图书在版编目（CIP）数据

科技发展与教育变革 / 朱永新等主编. — 太原：山西教育出版社，2020.11

ISBN 978-7-5703-1379-2

Ⅰ. ①科… Ⅱ. ①朱… Ⅲ. ①科技发展—关系—教育改革—研究—中国 Ⅳ. ①N12②G521

中国版本图书馆 CIP 数据核字（2020）第 229904 号

科技发展与教育变革

KEJI FAZHAN YU JIAOYU BIANGE

责任编辑 樊丽娜
复　　审 刘继安
终　　审 潘　峰
装帧设计 王耀斌
印装监制 蔡　洁

出版发行 山西出版传媒集团 · 山西教育出版社
（太原市水西门街馒头巷 7 号 电话：0351-4729801 邮编：030002）
印　　装 山西基因包装印刷科技股份有限公司
开　　本 720 mm × 1020 mm 1/16
印　　张 12
字　　数 150 千字
版　　次 2021 年 1 月第 1 版 2021 年 1 月山西第 1 次印刷
书　　号 ISBN 978-7-5703-1379-2
定　　价 45.00 元

前言

2019 年 12 月 8 日，中国教育三十人论坛第六届年会在北京召开。本届年会主题为“科技发展与教育变革”。

第六届年会聚焦科技发展与教育变革，具有重要的现实意义。当今世界，科技发展日新月异，互联网科技、人工智能、大数据和深度学习技术等正在深刻影响着人类的生活方式，也让世界教育面临变革时刻。科技如何改变教育？怎样实现科技和教育的融合发展？科技如何改变教育生态，未来学校是否会发生革命性变革？未来需要什么样的教师？如何培养适应未来社会的学生？……都是值得认真探讨的重要问题。

本届年会设全体大会和四个分论坛，发布了“科技发展与教育变革”的专题研究报告。会场座无虚席，来自全国各地的现场听众超过 500 人。据中国教育三十人论坛秘书处统计，本届参会的普通听众来自全国 23 个省份，是论坛成立以来听众覆盖省份最多的一次，其中不乏连续六次参加年会的铁杆粉丝。收看网络直播的观众累计超过 150 万人次。

本届年会上，围绕“科技发展与教育变革”的主题，26 位来自国内外的专家学者发表了精彩纷呈的演讲。演讲嘉宾除了中国教育三十人论坛成员，我们还邀请了美国堪萨斯大学教育学院基金会杰出教授、连续四年被评选为美国最有公众影响力前 10 名的教育学者赵勇，美国斯坦福大学人工智能、机器人与未来教育中心主任和斯坦福大学全球创新设计联盟联席主席蒋里，红杉资本中国基金专家合伙人、香港人工智能及机器人学会副理事长车品觉等具有国际视野的教育家、科学家、企业家。各位演讲嘉宾围绕“机遇和挑战：科技和教育融合发展”“科技挑战：未来需要什么样的教师?”“未来学校：科技如何改变教育生态”“科技赋能：如何培养适应未来社会的学生”等议题，发表了个人的真知灼见，提出了许多富有建设性的意见和建议。嘉宾们的精彩分享获得了参会者热烈的掌声，互动环节智慧碰撞，气氛活跃。

人民日报、新华社、中国青年报、光明日报、中国教育报等四十余家主流媒体对本届年会盛况进行了及时全面的报道，对演讲嘉宾进行了专访，百余家媒体转发，还被学习强国平台推送，在教育界和社会上引起了强烈反响。论坛秘书处整理的年会报告得到了国务院有关领导的批示，并批转有关部门参考落实。

作为一个以“凝聚社会共识，推动教育改革”为宗旨的著名教育智库，中国教育三十人论坛今后将继续架设学术研究与公共政策之间的桥梁，为深化教育改革和教育事业的健康发展建言献策，汇智启思。

本届年会得到了战略合作伙伴问向教育科技的大力支持。问向教育科技坚持“让每个家庭拥有先进的教育起点，让大规模因材施教成为现实”的理念，目前已发展成为一家创造并优化教育模式的前沿科技公司。在此表示感谢。

作为中国教育三十人论坛的长期战略合作伙伴，自论坛成立以来，山西教育出版社在论坛的组织、筹备过程中，一直给予了大量周到细致的支持。中国教育三十人论坛系列丛书，山西教育出版社已出版了12册。在此表示感谢。

论坛秘书处将本届年会各位演讲嘉宾发言内容精心编辑，汇集出版，就是想让更多关注中国教育的朋友们共享思想盛宴，凝聚社会共识，实现科技发展与教育变革互融共荣，助力中国教育与时俱进、更好更快地发展。

中国教育三十人论坛学术委员会
2020 年 6 月 15 日

目　录

论坛致辞

主旨发言

分论坛一　机遇和挑战：科技和教育融合发展

分论坛二　科技挑战：未来需要什么样的教师?

分论坛三　未来学校：科技如何改变教育生态

分论坛四　科技赋能：如何培养适应未来社会的学生

附录

实现科技发展与教育变革互融共荣

中国教育三十人论坛学术委员会委员　张志勇

各位来宾，各位朋友，女士们、先生们，新闻媒体的朋友们：

大家上午好。

中国教育三十人论坛成立六年了。当初，我们创办这个论坛的初心就是希望能够汇集富有教育情怀、追求教育梦想的教育家、经济学家、法学家、哲学家等各界人士，共同研究探讨中国教育的重大问题，架设学术与公共政策之间的桥梁，推动中国教育的改革和发展。

回首过去的六年，中国教育三十人论坛坚持“凝聚社会共识，推动教育改革”的宗旨，在国内外举办了30多场论坛。2019年以来，已经在全国各地相继举办了6场大型论坛，包括：4月中旬，在杭州举办“民办教育发展高峰论坛”；6月1日，在北京举办“中国儿童发展论坛”；6月中旬，在上海举办“全国教师教育发展论坛”；8月中旬，在甘肃举办“中国西部教育发展论坛”；11月中旬，在海南博鳌举办“博鳌教育创新论坛”；11月下旬，在深圳举办“第二届世界教育前沿论坛”。这些论坛活动主题各有不同，从民办教育到教师教育，从儿童发展到西部教育，从学习本质到学习科学，会聚海内外著名专家学者，围绕关键问题展开热烈研讨，取得了丰硕的成果。

除了主办论坛活动，我们还组织读书会、研讨会、内部座谈会，组织课题研究，主办“教育跨界对话”，出版中国教育三十人论坛丛书。论坛的总结报告多次得到国务院领导同志的批示，对教育改革产生了积极影响。

经过六年的努力，中国教育三十人论坛产生了广泛而积极的影响，得到了决策部门和社会各界的广泛认可，已经成为国内知名的教育智库，影响越来越大。2019 年 11 月 9 日，中国教育三十人论坛被评为“中国教育智库社会影响力”前三名。

各位嘉宾、各位朋友，过去六年，我们一路弦歌不辍、倍道兼行。这其中凝聚着大家对我们的热情帮助和大力支持。值此第六届年会召开之际，我谨代表中国教育三十人论坛，向大家表示真诚的感谢！

同时我们也深知，中国教育三十人论坛距离高水平的专业化智库还有很长的路要走，我们将继续努力，出更多的智力成果，以不负社会各界的厚望；我们愿与有志于中国教育改革的各行各业的专家学者和同道中人一起，为推动中国教育改革和发展而不懈努力。

2019 年的年会主题，我们聚焦科技发展与教育变革，具有重要的现实意义。当今世界，科技发展日新月异，互联网科技、人工智能、大数据和深度学习技术等正在深刻影响着人类的生活方式，也让世界教育面临变革时刻。

科技如何改变教育？怎样实现科技和教育的融合发展？科技如何改变教育生态，未来学校是否会发生革命性变革？未来需要什么样的教师？如何培养适应未来社会的学生？……都是值得认真探讨的重要问题。中国教育三十人论坛邀请国内外专家学者围绕主题进行切实讨论，以期凝聚社会共识，助力教育改革。

在这里，我们提出以下观点与大家分享：

一是教育将进入“人机协同”时代。每一次教育技术的革命，都是对人类教育生产力的解放。互联网教学的真正意义是促进人类教育教学活动的智能化。人类教育技术的革命将大力促进学校教育技术形态的转变：“去人工化”。这里的“去人工化”，是指学校教育将实现人与机器的分工与协作。该交给机器的就交给机器，该机器辅助的就让机器辅助，该教师自身充分发挥作用的领域就由教师承担。由此，教育将进入“人机协同时代”。

二是教育将重构人和机器的关系。教育进入“人 + 机器”时代，意味着人工智能技术在教育领域的全面应用，这种人机融合式教育，需要重构人和机器的关系，建立人机融合的教育新业态。好的人机融合教育具有四个特征，即技术简便、人机友好、省时省力、优质高效。

三是机器永远是人类的工具。科技进入教育领域，从根本上说，是更好地赋能教师的教育教学活动，而不是取代教师的工作。正如李开复先生所说：“人工智能时代，学习或教育技术本身不是目的，我们真正的目的，是让每个人在技术的帮助下，获得最大的自由，体现最大的价值，并从中得到幸福。”

四是人工智能时代要重新定位人类教育的根本任务。知识的学习、训练与掌握将退出学校教育的中心舞台，德行、情感、创造将成为人类教育的终极使命。

五是要尊重教育的技术伦理原则。教育技术的革命，要有利于促进教育公平，维护教育正义，要有利于解放教师和学生的创造性，而不能损害学生全面而有个性的发展，更不能奴役学生的发展。

六是教育的信息技术革命既可以缩小区域、城乡、学校之间的差距，也可以扩大相互之间的差距。要防止出现和消除教育的数据鸿沟，国家必须加强教育信息化公共服务体系建设，全面提高经济欠发达地区、乡村学校、弱势学校的教育技术革命的能力。

参加本届年会的嘉宾，除了中国教育三十人论坛的顾问和正式成员外，还有国际知名专家和教育界、企业界等各界人士作为特约嘉宾发表演讲、参与话题讨论。我们希望通过这次年会，实现科技发展与教育变革互融共荣，助力中国教育与时俱进、更好更快地发展。

本届年会得到了问向教育科技和论坛战略合作单位山西教育出版社的大力支持。在此，我代表中国教育三十人论坛，向问向教育科技和山西教育出版社表示衷心感谢！

本届年会得到了来自全国各地500多位朋友的大力支持，另外还有一位来自泰国的朋友。同时，这次年会将有众多观众朋友观看在线直播。感谢朋友们的热心参与和大力支持！

本届年会有40多家主流媒体参与报道，搜狐、网易、腾讯、超星将全程直播论坛盛况，由超星提供直播技术支持。在此，向新闻媒体的朋友们和超星公司表示衷心的感谢！

最后，祝愿中国教育三十人论坛第六届年会圆满成功，祝与会的朋友们身体健康，万事如意！

让科学技术更好地服务教育

山西教育出版社副总编辑　潘峰

大家好，非常高兴参加中国教育三十人论坛第六届年会。

2019 年 11 月，“中国教育智库社会影响力”排名出炉，祝贺中国教育三十人论坛跻身前三甲。中国教育三十人论坛始终坚持凝聚社会共识、推动教育改革的宗旨，努力架设起学术建设与公共政策之间的桥梁，为深化教育改革和教育事业的健康发展建言献策、聚智启思，取得了丰硕成果。

作为中国教育三十人论坛的战略合作伙伴，山西教育出版社始终秉持服务教育的理念，做好中国教育三十人论坛丛书的出版与发行工作。在“十三五教育怎么办”中，谈论教育改革的发展方向；在“构建现代教育治理体系”中，为教育发展把脉；在“激发教育活力”中，探讨如何激发中小学教育改革、释放高等教育活力；在“重构教育评价体系”中，推动建议科学评价体系的出台；在“学习科学引领教育未来”中，汇聚脑科学与学习革命的思想火花。我们与论坛携手前行，同舟共济。到目前为止，论坛书籍已达 12 本，完整记录了中国教育三十人论坛六年来的学习成果和思想碰撞的精髓。

本届论坛年会的专题报告，既有对未来教育的预测，也有对科学技术促进教育公平和因材施教的期望；既有对全人教育的呼唤，也有对未来学校形态的展望。这是科学技术造福教育的乐观分析，我们希望这些关于科技与教育的观点，能够引起大家的思考与探讨。正如朱永新老师所说，让科学技术更加温暖、更有人性，让科学技术更好地造福人类，让科学技术更好地服务教育。

最后再次预祝本次年会圆满成功。

主旨发言

顾明远

中国教育三十人论坛学术顾问

中国教育学会名誉会长

北京师范大学教授

教育工作者要把眼光投向农村

《中国教育现代化2035》中提出，教育要基本实现现代化，难点和重点是在农村。

改革开放四十多年来，农村的教育取得了巨大成就，九年义务教育已经普及，适龄儿童不会因为经济条件无法入学。但是不可否认的是，我国的农村教育，其中西部贫困地区的农村教育仍然面临着很多困难。可以说，没有农村的现代化，就没有中国教育的现代化。

这几年，我连续走访了好几个省市，有四川的凉山地区，还有青海等地区。最早去凉山的时候，学校连个厕所都没有。一张床睡三个孩子，一个板凳坐两个孩子。现在再来看，这些地方已经有了很大改善。国家实行农村教育振兴计划，使得农村的条件得到很大的改善，但是师资还是进不去、留不住。

跟过去不一样，现在的孩子们很活泼，但老师的教育水平有待提高。所以我们把眼光投向农村，帮助农村提高教育质量，促进教育公平，让农村的孩子能享有公平而有质量的教育。

我们讲“人工智能 + 教育”，但我们的眼光好像仅仅局限在城市。人工智能、大数据确实促进教育发生了深刻变化，包括教育生态、教育环境、教育方式，使得个性化学习成为可能。此外，现在的机器可以代替人，可以批改作业。

联合国教科文组织的报告提出了双师模式的教育，双师即包含了虚拟教师。虚拟教师就是机器技术，可以帮助老师进行机械性的工作，腾出时间让老师和学生沟通。在这种背景下，教育确实发生了翻天覆地的变化，但仅限于城市层面，农村还没有实现。

现在有一些假象，蒙蔽了我们的眼睛。在北京、上海这类现代化城市，确实拥有优质教育资源，也融入了人工智能。我的家乡江苏江阴本来是个农村，现在是全国百强县之一。2019 年 4 月回到家乡，发现那里的小学有云机等设备，我的母校南菁中学已经用 VR 上课了。

在世界经合组织（OECD）刚刚发表的第七轮国际学生评估项目（PISA）中，上海排名第一，之前排第 15 名，这代表了中国发达地区的教育水准。这是可喜的，说明我们的教育水平在逐年提高。但是，这无法说明全中国的教育发展水平，在西部省市确实有一些如 VR、人工智能等设备，但大部分老师不会用。

有文章谈到，现在很多研究生都到中小学求职。11 月，我去中国科学院实验小学参加校庆，发现现场的教师队伍中有四十多名硕士生、十多名博士生，一个小学竟然能吸引这么多研究生？

这些是北京、上海等城市才可能出现的，但并不是普遍现象。在农村还是存在师资进不去、留不住的问题。我们的特高教师下到农村以后，真正能留在农村的是少数。过去这类教师是免费师范生，现在是公费师范生，他们最多能到县城里，而且到了县城也不一定能留住。

从研究生角度来讲，2019 年教育部教师工作司司长讲到，全国研究生占教师的比例不到 4%，高中阶段占 8.9%，但 OECD 国家这一比例是 45.5%。我们虽然培养了很多研究生，但他们去了哪里？中科院实验小学那么多研究生，但还是个别的。真正从全国范围来讲，高中教师中研究生也只有8.9%。与OECD国家相比，我们要实现现代化，让1400万教师里面有40%的研究生，要多少年呢？结果恐怕不是很乐观。

所以，我们应该把眼光投向农村，将信息技术的优势投入农村。我觉得在农村，应用人工智能等信息技术，需要处理好几个关系：

第一，目的和手段的关系。目的是什么？目的还是要培养人，提高教育质量。用技术，是为了培养人、立德树人。

第二，处理好优势和风险的关系。人工智能、大数据等信息技术当然有很大的优势，可以促进教育的发展，但它们有没有风险？我们把学生的信息全部用大数据收集起来，会不会侵犯学生的隐私呢？我们把这些数据发到家长的网络上，会不会出现一些矛盾和冲突呢？

第三，传统和现代的关系。是不是有了信息技术以后，传统的教学方法就不要了呢？我觉得还需要。比如政治课，老师讲个故事，让学生分析是非，恐怕比做一个PPT更有效，所以现代手段和传统手段要结合起来。还有老师说，现在人工智能不要黑板了，我觉得还是有黑板好，老师在黑板上画一个圆就跟PPT上的圆不一样，它有人情味，有人跟人之间的交流。

关于未来教育，我们要充分利用人工智能、大数据、数字化等信息技术来改变人才培养的模式，关键是要充分认识学生的内在潜力。另一方面，更要充分利用信息技术，把优势的教育资源输送到农村去，提高农村的教育资源。

可喜的是，教育部正在制订一个计划，全国中小学教师信息技术应用能力提升工程。这个工程通过培训，基本能够实现校长信息化领导力、教师信息化教学能力、培训团队信息化指导能力显著提升，缩小城乡教师应用能力的差距，促进教育均衡发展。

现在教育部已经在宁夏和北京外国语大学率先进行试点，探讨人工智能技术和教师融合的新路径，通过试点探索利用人工智能促进教师教学的改革，推动教师培养和培训改革，推进教育精准扶贫，助推教师技术优化的新路径。

教育部还提醒，常态化的教学还要提高当地的教师素养，要提高造血功能，而不是输血。要切切实实提高农村校长的高效的能力，促进乡村教师的专业水平。所以我希望广大的教师都把眼光放到农村，促进农村教育的改革，提高农村教育的质量。

赵 勇

美国堪萨斯大学教育学院基金会杰出教授

连续四年被评选为美国最有公众影响力的前 10 名教育学者之一

囧途：西方教育改革之反思

非常感谢中国教育三十人论坛给我机会。顾明远老师讲话特别有意思，很早以前，我一直想考顾老师的研究生，阴差阳错没能考上。在顾老 90 岁的时候，我能够聆听一次他的发言，也很受启发。

我在国内不敢班门弄斧，就讲讲在美国待了几十年的情况，在英国、澳大利亚和在不同的地方做的一些研究。就我的观察，跟大家分享一下。虽然现在信息很发达，但是东西方教育交流当中还有很多误区存在，可以通过我的观察来讲一讲。

依我之见，西方教育感染了一种病毒，叫作“全球教育改革”。这个词不是我提出来的，有一本书叫《芬兰道路》。PISA 一出来以后，芬兰就变成了全球最好的教育体系，全世界都在模仿它。《芬兰道路》的作者造了一个词，就是“全球教育改革运动”，英语的缩写是 GERM。这和英语的“细菌”这个词一样，暗含全球教育改革运动就像细菌一样，破坏教育生态、阻碍教育发展。

那么 PISA 造成了什么样的改革呢？PISA 虽然只有 20 年的历史，但它代表的以考分判断教育质量的做法不止 20 年，这个全球教育改革运动也不止 20 年，从 20 世纪 80 年代就开始朝这个方向走了。它到底有什么特点呢？我主要讲政府层面，不讲民间层面。

政府层面在主要的欧美国家，基本上表现为追求两点：人才的同质化和人才培养的同步化。

传统的西方教育定义比较宽泛一些，现在面临同质化的问题。而以PISA为代表的大规模测试将教育定义为培养某一类的人才，就是能掌握其测试的狭窄的学科的人才。同步化是在一定的年龄，一定要达到什么水平。一年级、二年级，年纪是按照生物确定的，而不是按照认知年龄、情感年龄确定的。

西方国家对这两个目标的追求，可以从2001年时任美国总统的小布什《不让一个孩子掉队》的法案中看出。这个法案要求每个州必须对学生进行统一的标准化考试，如果学生的进步不达标的话会有相应的惩罚措施。然后澳大利亚引进该法案，改称国家的数学和语文考试，成立了国家一级的课程委员会。英国也进行了类似的改革。

英国一位教育大臣去了新加坡和中国，回去以后发誓要带领英国搞一次文化上的大革命，重新来一次教育的长征。英国开始设立国家级的课程标准。英国的地方教育机构不存在了，都是按照国家的标准实施的，最近英国还引进了上海的数学课程。加拿大也在数学、科学方面做了很多努力。

美国、澳大利亚、加拿大，是联邦制国家。中央政府，也就是联邦是不参与教育的，与教育没有关系。所以围绕同质化、同步化，第一个教育改革的措施叫作集权化。把最主要的权力集中起来建立统一的课程标准并通过统考来保障统一课程的实施。美国以前很多州自己没有课程标准，2001年之后就有了，这是集权化。

美国20世纪20年代一个学区就是一个独立的镇，自己决定收税、考试毕业标准。现在慢慢把课程的权利、考试的权利、教师的评估权利交到州一级了。

其实美国之前没有真正的美国教育，近年来才有。标准化很简单，就是课程标准、考试标准、学生标准。现在去西方国家的课堂看，美国、英国甚至加拿大，这些学校的课堂和我们没有太大的差别。课堂教学的考试化、标准化、集权化，已经失去美国的传统教育概念。

那么这些考试化、标准化、集权化的改革有什么危害呢？美国的改革破坏了美国的六大传统美德。哈佛大学两个经济学教授写了一本书，叫《教育与技术的赛跑》。他们认为美国二战以来之所以能够领先全球，是因为它的教育里面有六大美德。

第一，公办。为什么叫公办呢？就是公家办的学校，美国私营学校非常少。

第二，公立。公立是国家出钱。现在美国有特许学校，虽然拿的是公家的钱，但由私营机构办，是公立私办的。

第三，政教分离。这个比较简单，就是任何宗教组织不得参与公立教育。

前面三条可以保证所有人都可以上学，不能对学生有任何歧视。

第四，地区管理，分散式管理。美国在传统课程、学生标准方面都是地方控制的。美国的教育体系是先有学校，后有联邦政府。由下而上，这意味着美国1万多个学区，可以自己制订课程标准、课程内容，灵活多样。

第五，开放和宽容。传统的美国教育不对学生过早地筛选和评价，让每个孩子都有可能接受12年的教育，而且如果中途出现什么问题，总会有第二次、第三次机会。此外，在美国任何年龄都可以上大学，随时都可以读研究生。

第六，男女平等，无性别歧视。

这几点保证了孩子不被过早地定义为学霸、学渣，不被过早地归类，过早地划入特定的轨道，从而让每个孩子都有比较长的时间成长、学习、试错。让某些有特殊才能但不一定学习好的孩子也有机会成长。

美国为什么有这么多创新创造，引领了二战以后全世界的创新创造、科技发展？可以这么讲，课堂看不出什么东西。就像杜威说的，课堂不能看教学，要看教育，它的六大美德恰恰是培养美国人才的基石。

你不知道三五岁的孩子会不会成为下一个乔布斯，所以不能够提前对人做判断。所以公立、公办非常重要，对学生不能人为进行选择，我们叫有教无类。要繁荣，必须实现人才多样化。有时候我们讲要培养多少个诺贝尔奖，但诺贝尔奖获得者不是培养出来的，是自然生长出来的。你不可能三五岁时就判断出来这个孩子能否获得诺贝尔奖。

另外的一点是宽容开放，给孩子第二次、第三次、第四次机会。我们的考试同质化、同步化对孩子进行了提早的判断。我们过早地说，这个孩子行还是不行。每一次考试就是对孩子的终生定义，实际上孩子失去了可能的发展机会。因为学生一分校，就决定了能上什么样的课、经历什么样的过程。

但是近年来的改革大大地破坏了它的传统美德，让美国进入一个困境。即使费了这么大力气，考试成绩也没有上去，反而破坏了它创新性的发展机制。美国的案例其实对我们的启发非常大。

加州大学伯克利分校的一位科学家写了一本书叫《崩溃》，讲世界的文明为什么会突然消失，每一个伟大文明的消失，一定不是他杀，而是自杀，是自我消亡。智利复活岛上有石雕人像，当现代人发现这些石雕的时候，当地只有两千多名居民，其技术和经济水平都不可能做出这么大的石雕，所以有人猜测是不是外星人做的。但是历史学研究发现事实并非如此，这是一个曾经消失的文明。两千多年前，这个地方有很繁荣的文明，有很多农业、渔业。但是到了某个时候岛上的人认为，13 个部落哪个部落能雕出最大最精美的石雕，上天就会青睐于他，所以大家进行一个石雕竞赛，青壮年劳动力都去雕刻，就忽略了畜牧、农耕，而且砍伐森林用于运输石雕。结果可想而知，没有了生产，破坏了环境，这个文明也就崩溃了。PISA 就像是今天的石雕竞赛，让人们认为分数高就代表未来的持续繁荣。

20 世纪 50 年代，正是杜威进步主义教育盛行的时候，看重孩子的天性，教育以儿童为中心，强调动手能力，培养好奇心、创造力。但是 1957 年以后，苏联的人造卫星上天，让美国很恐惧，觉得苏联超越了，所以开始学习苏联。

美国当时认为苏联孩子学非常高深的数学、物理，而美国孩子学的内容简单、轻松，玩音乐，玩艺术。1958 年，美国推出了《国防教育法》，对苏联教育的模仿和恐惧引发了对进步主义教育的批评和抵触。到了 1983 年，里根政府发布了《国家处于危机中》报告，当时假想敌换成了日本、韩国、德国，因为二战以后这些国家的成绩变好了。推波助澜的一本书叫《学习差距》，其中对比了美国、中国和日本学生的阅读和数学成绩以及教学，认为日本的教育比美国强很多，就像今天描述中国的教育一样。上海学生拿了 PISA 第一之后，美国又很快出了一本书，叫《超越上海》。

大规模测试的成绩引起美国、英国、澳大利亚、加拿大都向东方看齐，要走课程标准同质化、同步化的道路，而抛弃了他们过去的传统。

美国认为教育要改革，因为他们感觉自己的教育越来越差，越来越落后。我想说，从历次考试来看，美国不是越来越差，也不是越来越下滑，而是从来就没好过。分析美国在国际考试中的表现，美国没有哪次考好过。不要说现在没考好，看看历史成绩都不好意思，1964 年第一次国际数学考试，美国排名垫底。后来历届国际数学考试，包括 TIMSS（国际教育成就评价协会发起和组织的国际教育评价研究和测评活动）在内美国的排名从来没好过。

西方国家为什么看重国际测试呢？考试分数只是手段，教育最终是要推动社会的发展。斯坦福有一个学者和他的同事为 PISA 做了个研究，得出这样的结论，如果 PISA 成绩每提高多少分，GDP 就会提升多少。PISA 成绩 200 分，全世界会提升几千亿的 GDP。

这个说法后面已经被推翻了。怎么推翻的呢？PISA 这个报告计算的是考试成绩与当年的经济参数，但实际情况是参加考试的学生当时并不参与社会经济活动。比如 15 岁的孩子考试，但 15 岁的孩子不是劳动力。GDP 的增长率不能按当时的分数看，要至少滞后五年。按照滞后的数据一算，结论就被推翻了。

美国教育部一个学者在 2007 年发表了一篇文章，说 1964 年的国际数学测试有十几个国家参加，澳大利亚、比利时、英国、芬兰、法国、西德、以色列、苏格兰、瑞典、美国，美国排名垫底。40 年以后，这帮孩子 53 岁，已经是主要劳动力。40 年以后，发现这次的考试成绩与国家的 GDP 是负相关，也就是当时成绩考得越好的国家，GDP 越差。

1964 年的考试成绩和增长轨迹也是负相关，成绩越高的国家，经济增长越慢。再看看生产力的问题，基本上没关系，也就是当年考试分数与个人每小时的产出量是没有关系的。再看看生活质量，也是负相关，也就是分数越好，生活质量越差。成绩与创造性、宜居性等都没有太大的关系。

其实美国的教育追求是错的。现在美国在反思更多的问题，如 21 世纪高科技人工智能时代需要进行什么样的教育。

布鲁金斯学会最近出了一个重要的报告，人工智能将对高薪、白领和科技工作产生重大影响。这里讲几个冲击比较大的工作。目前来看，学历越高，被人工智能冲击的机会越大，需要大学学历的工作被人工智能代替的可能性很大。首先，像金融写作分析，完全有可能被替代。其次，对亚裔影响很大，因为亚裔在美国做医疗、保险、精算，这一部分受冲击也很大。

教育要怎么走呢？我认为美国和西方国家必须放弃这种同质化、标准化的要求，放弃对国际考试的崇拜，重新考虑未来社会需要的人才标准。我认为真正的人才需求会越来越个性化，越来越需要创造力、情感，并且独特。

我认为今后教育的发展会是以下几个方向：

第一，无用变为有用。许多过去所谓无用的才能今后会更有用，比如艺术才能、创造力、想象力，等等。

第二，利他而利己。今后的教育是通过利他，为别人创造价值而利己。

第三，生活即教育。教育是终生的，这是教育今后的发展方向，也就是教育必须个性化，让学生做真实的产品和作品，教育必须在全球化的带领下进行。

综上所述，西方国家的教育发生了很大改变，最大的改变有三点：

第一，美国已经有50%左右的高校决定，不用统考成绩作为主要录取标准，澳大利亚也开始了对用考试成绩作为高校招生主要标准的反思工作。

第二，对学生的重新评估，已经有几百个美国名校成立了联盟，重新设计成绩单，倒逼高校招生改革，更加强调展现学生的个性、特长、能力，而不是知识。

第三，西方国家包括美国，民间对政府的教育改革批评很多，认为走向了误区，要求纠正。

蒋　里

斯坦福大学人工智能、机器人与未来教育中心主任

斯坦福大学全球创新设计联盟联席主席

人工智能：未来教育的机遇与挑战

人工智能技术和机器人技术，会推着教育往前发展，最后会击穿教育，为教育带来变革。斯坦福人工智能、机器人与未来教育项目是斯坦福大学工程学院和教育学院联合推动的，研究方向包括人工智能、机器人、创新设计和未来教育。我们也邀请了很多来自其他大学的教授，其中包括麻省理工学院、康奈尔大学的教授。

“computer”这个单词是人类在1613年创造出来的词汇。它当时是指“从事计算的人”。二十世纪六七十年代，我们开始用“computer”指代机器了。提这个事是因为我经常被问到一个问题：“未来真的有很多工作会被机器人替代吗?”答案是显而易见的。在过去的400年里，我们都在使用“computer”这个词，有350年我们用这个词指代“人”，只有50多年用它指代“机器”，而现在大家已经忘记了它曾经指的是“人”了。

谈到人工智能和工作的关系，我们来看看京东创始人的一段发言，他说他想做一个完全没有人的公司，而十年之内，他想把公司的人员从16万减到8万。斯坦福大学2018年做了一个实验，让人工智能律师和20个专业律师同时查阅法律文档。结果显示，专业律师的正确率为85%，人工智能的正确率为95%。人查阅法律文档平均花1.5小时，而机器只需26秒。对于金融领域来说，如果做简单重复的脑力劳动，其实比体力劳动更容易被替代。花旗银行预计，到2025年，欧美银行业将减员30%。根据牛津大学的调查报告，在未来10年到20年，美国现有工作的47%会被代替，而中国是77%。美国劳工部还有一个报告指出，现在在小学阶段学习的学生以后要从事的工作中，65%目前还不存在。这给教育行业提出了巨大的挑战，因为还不知道培养人才的目标在哪里。现在的中小学生有可能将来一进入社会，就被具有人工智能的机器人所代替了。那我们如何让孩子做好准备呢？

第一，不要与机器人在它擅长的领域竞争。举个例子，你不会希望自己的孩子跑步比汽车还快，因为跑得比汽车还快是没有意义的。与此相似，我们训练孩子的计算能力很重要，但是要追求比计算机还快就没有意义了。

第二，不要把学生当成机器人训练。因为我们学生是人，而不是机器人。

我们正处在知识爆炸的年代，1900年前知识和信息的总量几乎100年翻一倍，到了1950年加速到25年翻一倍，到了现在则是一年翻一倍。20年后，我们人类的知识会增长100万倍。因此在未来面前，我们的确是进退两难，前面是知识爆炸，后面是人工智能机器人在追赶。我们该怎么办呢？

其实人工智能给我们带来一个很大的机遇，而斯坦福大学也提出了人工智能思维。人工智能思维是以后每一个人都需要具备的思维方式，具体说人工智能思维包括以下三个方面：一是了解人工智能的运作方式；二是把自己的能力和人工智能机器人的能力区别开来；三是知道自己和人工智能机器人如何协作。具备了人工智能思维，你才能分得清哪些是人应该培养的能力，哪些是机器的能力。目前在中小学还在教很老的知识，甚至很多本科阶段还在教几百年前的知识，我们需要一个新的教育系统，将新知识引入中小学来激发学生学习的兴趣。因此，我们成立了里兰学院，就是要推行最前沿的教育方式。我们重新设计了研究生阶段的人工智能机器人课程，把从小学一年级到高三的学生放在一个教室里，给他们上研究生的机器人课程，结果发现三年级以上都能听懂。因此我们明白了一个道理：我们有必要让孩子提前10年到15年接触到世界最前沿的科学技术，包括人工智能、机器人、设计思维，激发孩子学习的内在动力。

我们的大胆尝试不光是在基础教育领域，还把小学、中学和大学生放到一起做项目。不同年龄段的人做同样一个项目的时候，学到的东西是完全不一样的。斯坦福大学有一个理念，我们必须要付诸实践，拿出东西做真实的测试。

2018年夏天，我去了中国一个海拔3400米的偏远山区，这是一个特别穷的地方，周围没有任何经济活动。我在那个地方给学生上了一个星期的课，而上课的内容就是经过改编的最前沿的科技内容，这里的孩子也都能听懂这些前沿内容。

在推行未来教育的时候，我们去过全世界很多地方，我们中华民族最厉害的一点，就是所有的人都知道教育是重要的。我去世界各地，在很多地方首先要给大家讲为什么教育是重要的，有时甚至花一两天都说服不了一个人相信教育是重要的。中国的教育一定能做好，因为我们的基础不一样，对教育的重视是全民族的共识。

人工智能思维是未来社会的常识，与中小学阶段的数学一样重要。我们要用最前沿的科技去点燃孩子学习的激情，培养他们成为引领未来的人才。

朱永新

中国教育三十人论坛成员

民进中央副主席

第十三届全国政协常委、副秘书长

新教育实验发起人

科技发展推动教育变革

2019 年 11 月，很多媒体报道了一则关于浙江某学校让孩子带“头环”上课的新闻。这是一个令人啼笑皆非的案例，也是一个典型的关于科学技术和教育发展的故事。这里的“头环”是可以采集脑电波信号，然后转化成观测学生注意力的技术。但问题在于，“头环”采集的数据对教育究竟有多大的作用?学生的注意力仅仅靠脑电波就能做到精确分析吗？一位有经验的教师，不知道哪些孩子会、哪些孩子不会，他还是好老师吗？科学技术怎样参与教育、推进教育，而非成为教育的负面影响，是这则案例引发的我关于科学技术与教育发展的本质思考。

中国教育三十人论坛成员杨东平老师讲的一段话非常好，他说：“我们今天在现实生活中大量的教育创新，到底是在颠覆改变应试教育，还是在提供更加精致的应试教育，用大数据全方位捆绑教师和学生!”

科学技术的发展日新月异，科幻小说存在的蓝图，很多都已成为现实。但我们真正需要思考的是现在很多科技公司正在做的事情，到底是应试教育的帮凶，还是解决应试教育的英雄?

我想说，科学技术是一把双刃剑。科学技术从来不是孤立的存在，它对于人类的生产方式和生活方式，进而对于人们的精神世界和人类的历史进程，都会产生重要的影响。科学技术对于人类的影响，有时是一个漫长渐进的过程，有时是迅速、迅雷不及掩耳的过程。通过技术手段的中介作用，科学由知识理论形态进入器物和制度之中，使人类生活在一个文化世界、科学世界、技术世界之中，使科学成为人类生存背景的重要组成部分。

一方面，科学技术成了当代社会的支柱，成了经济发展的支撑，成了人们生活不可或缺的东西。杜威认为，“促使世界目前正在经历的巨大而复杂变化的真正动力，是科学方法以及由此而产生的技术的发展”。

另一方面，科学技术的迅猛发展在给人们的生活带来更多便利和保障的同时，也造成了生态环境的破坏，人际关系的紧张，恐怖袭击的危害等。科学技术已经危害，并且仍然在破坏着人和环境之间、自然和社会结构之间、人的生理组织和个体之间的平衡状态。这种脱节的产生，正是因为人们对现代科学的客观性、确定性、精确性、可靠性、合理性的一种顶礼膜拜。

所以，图尔敏有一段话，是对科学的负面描述。他认为，科学或技术忽视了它们对于各种各样有血有肉的人的长远影响。由于缺乏个人洞察力、情感、想象力或缺乏一种其特定活动对其他人影响的这种感受，科学家对于他的同胞采取漠不关心的态度，而把对他们的关心仅仅当作是社会实验与技术实验的额外课题。

科学技术是把双刃剑。如果没有纸张和印刷术的发明，如果没有电视机和电影的发明，没有互联网和移动终端的发明，可能教育也不会是我们现在所看到的模样。所以，法国学者莫纳科归纳了人类知识传播的四个阶段：

第一阶段，依靠人与人之间直接传递的表演时期。人和人之间的沟通，主要靠语言和动作。

第二阶段，依靠语言文字间接传递的表述时期。有了语言文字，人们可以通过印刷品进行交流。

第三阶段，依靠声音图像记录的记录传媒时期。这时，信息的传递有画像、有声音，更丰富、更真实。

第四阶段，依靠人人平等互动的电子和数码时期。在这个阶段，科学技术仍然是以几何级速度在增长，社会变革的速度更快、更平等。

我们现在正处在第四阶段，科学技术对人类的影响也是双刃剑。科学技术对人类的影响，一个可能性是它会成为人类成长的工具。科学技术可以成为推进教育公平，关注个性发展，让每个人成为更好的自己的助推器。另一种可能性是它也可能会成为人的异化的工具，成为冷冰冰的测量人的注意力、学习力，帮助教育者更加严格地监督和管控教育对象的工具。

其实这个问题，早在二战之后，很多教育工作者就在反思。有学者说，儿童是被学识渊博的医生毒死的，妇女和婴儿是被上过高中和大学的人枪杀的。所以教育如果不能帮助学生成为有人性的人，这样的教育和科学技术本身也没有任何意义。

所以科学技术到底要怎样助推教育变革？从信息技术在教育领域的应用角度来说，可以分为三个阶段：

第一阶段，工具与技术的改变——电化教育、PPT 课件等。

第二阶段，教学模式的改变——慕课、翻转课堂等。

第三阶段，学校形态的改变——打破学校教育的结构。

最近，我写了一本书《未来学校》，详细阐述了如何用科学技术来改造、变革我们的教育。我在这本书里提出以下几点：

第一，重构学校的形态，建立新型学习中心。

互联网、5G 技术、移动终端高度发达的未来，学校会成为一个学习共同体。也就是说，它会由一个一个的网络学习中心和一个一个实体的学习中心，共同构成一个学习社区。

第二，重构课程的内容，建立新型的课程体系。

学习将为每个人的自由发展提供更加广阔的空间。未来学习中心的学习内容将从补短教育走向扬长教育。所以我的书里，建构了未来新型的课程知识体系。首先是生命，每个人都需要把握好自己的生命长度、宽度和高度。然后是真善美，未来基本的科学概念、科学精神将整合成一门大科学；基本的人文知识，将整合成一本大语文；未来也将留出足够的空间，让每一个人学习自己需要的知识体系。学校不再是给每个学生设计好现成的知识体系，而是让每个人去建构属于他自己的知识体系。

第三，重构教学的方法，建立新型的项目学习。

我们已经进入到借助智能设备而生存与发展的时代，人机结合的学习方式会发挥更大作用，“认知外包”的现象会让个人更加注重方法论的学习。以项目学习为主要方式的混合学习与合作学习将成为未来学习中心的主要学习方式。

第四，重构教育的评价，建立新型的学分银行。

大数据、区块链等技术的支持下，真正的学分银行体系会正式建立。我们将建立一套从摇篮到坟墓的知识银行体系，每个人的学习全过程在学分银行都可以存储、转化，而且你修的学分还可以转变为学习币，激励每个人更好地学习。学分银行会打通学历教育和非学历教育的鸿沟、公办教育和民办教育的鸿沟、国内教育和国外教育的鸿沟、知识和能力提升的鸿沟。

科学技术也是一把钥匙，既可以打开天堂之门，也可以打开地狱之门。因为使用科学技术的永远是活生生的人，是受过教育的人。归根到底是人创造和控制科学技术，是人赋予科学技术不同的功能和价值。好的教育才能培养好的人性和善良的人。

在这样一个具有不确定性的时代，面对未来科学技术的快速发展，我认为最好的办法是用好的教育帮助人类，用人类智能战胜人工智能，把人工智能关在人类价值的笼子里，使它具有人类价值的善的教育。

我一直说，期待教育培养出的孩子，在他们身上可以看见政治是有理想的，财富是有汗水的，科学是有人性的，享乐是有道德的。只有让科学技术更加温暖、更有人性，让科学技术更好地造福人类，让科学技术更好地服务教育，这才是我们所期待的科学技术用于教育发展的结果，也是我们所期待的科学技术对教育能够产生的正面力量。

徐 辉

中国教育三十人论坛成员

全国人大宪法和法律委员会副主任

民盟中央副主席

中国教育发展战略研究会副会长

全民科学素养为何如此重要

今天我想分享的话题是为何全民科学素养如此重要，这个话题既和教育改革有很大关系，也和科技发展有密切关系。

2018 年 9 月 10 日，全国教育大会在北京召开，习近平总书记提出一个重大命题，“13 亿多中国人民的思想道德素质和科学文化素质全面提升”，这讲的就是全民科学素养。

科普作家阿西莫夫写过一篇小文章，谁是迄今为止最伟大的科学家呢？这个问题非常难回答。中国历史上谁是最伟大的文学家、经学家，要大家给出科学结论也非常难。

提到最伟大的科学家我们可以想到很多人，牛顿、爱因斯坦……但是阿西莫夫的结论是牛顿，为什么是牛顿呢？阿西莫夫认为，“他由于研究出微积分而为高等数学奠定了基础，他由于进行了把阳光分解为光谱色的实验而奠定了现代光学的基础，他由于发现了力学上的三大定律并推导出这些定律所起的作用而奠定了现代物理学的基础，他由于研究万有引力定律而奠定了现代天文学的基础。任何科学家只要具有这四项功绩中的一项，就足以成为一位显赫的科学家，如果所有这四项贡献都是他一个人做出的话，那他就会毫无疑问成为名列首位的科学家”。

这里有两个非常重要的问题：第一，为什么牛顿出现在英国？第二，牛顿为什么不是大学培养出来的？

德国著名科学家普朗克是量子力学的重要创始人之一，和爱因斯坦并称为20世纪最重要的两大物理学家。爱因斯坦在60岁生日的时候做过一个有意思的演讲，他认为在科学的神殿里有许多阁楼，住在里面的人真是各式各样，而引导他们到那里去的动机也各不相同。

第一种人爱好科学，因为科学给他们以超乎常人的智力上的快感，科学是他们自己的特殊娱乐，他们在这种娱乐中寻求生动活泼的经验和对他们自己雄心壮志的满足。

在这座神殿里，还有许多第二种人，他们是为了纯粹功利的目的而把他们的脑力产物奉献上去的。如果有人跑来把所有属于这两类的人都赶出神殿，那么集结在那里的人就会大大减少。

第三种人总是渴望逃避个人生活而进入客观知觉和思维的世界。

第四种人总想以最适合于自己的方式，画出一幅简单的和可理解的世界图像，然后他就试图用他的这种世界体系来代替经验的世界，并征服后者。

普朗克属于第四种人，他们每日的努力并非来自深思熟虑的意向或计划，而是直接来自激情，来自对人类的使命的认知。

所以，很多伟大的科学家的精神动力都是来自一种激情，但是教育很难培养激情。著名的李约瑟之问也提出：为什么中国曾经有很多科学发明，但是没有带来近代科技的发展？

他的结论是：只有对东方文化和西方文化的社会和经济的结构进行分析，并且不要忘记思想体系的重大作用，才能最终对这两个问题做出解释。

李约瑟和丘成桐的观点非常接近，丘成桐认为创新从根本上而言是一个文化问题，“很长时间以来，中国从政府官员到大学校长的一个普遍心态，或者说，很多人的最大愿望，就是中国学者能够拿到诺贝尔奖。当然，成为诺贝尔奖得主，也是世界上很多大学学者的愿望。但一个学者的终极目标不是为了得大奖，或者受到外界的重视，而是应该有一个基本目标，即人类对大自然的了解，对人类生存和人类文明的探究……”

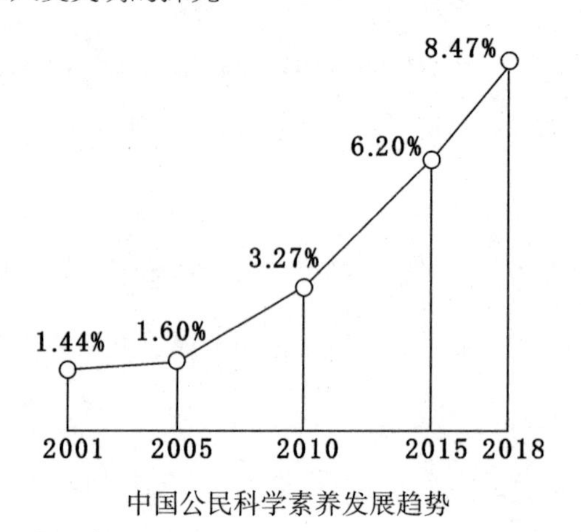

中国公民科学素养发展趋势

我国“十三五”发展规划中写道：到 2020 年中国公民的科学素养要达到 10%以上这个目标。现在已经从 2001 年的 1.44% 到了 2018 年的 8.47%，到 2020 年达到 10% 是有希望的。

虽然我国总体上公民科学素养水平逐渐提高，但与发达国家相比还有较大差距，公民对科学研究的过程和方法理解水平较低，公民科学精神比较欠缺。

例如，地球的中心是不是很热？在美国有 84% 的人回答正确，加拿大有 93% 的人回答正确，中国只有 56% 的人知道地球中心很热。从数据来看，美国的公民科学素养比中国要好很多，我们跟美国的差距还很明显。

一个国家的公民科学素养和科学成就是有很大关系的，再回到前面的一个问题，为什么牛顿出现在英国？牛顿所处的时代，正是世界中心从意大利转移到英国的时期。英国当时的公民科学素养是全世界最好的，产生的科学家是最多的，大量的科学组织普及科学知识也起到了作用。

从世界各国获得诺贝尔奖的数量来看：第一，诺贝尔奖的获奖人数与公民科学素养有密切关系。第二，公民科学素养与学校科技教育水平有着密切的关系。

美国有一点工作做得比我们好，他们对美国学校的中小学生科学教育的发展情况，包括美国贫困线以下的孩子在学校的表现是怎样的都有很详细的统计。

另外，美国的科学教育，有很多政府部门在参与。所有的部门，无论是农业部、商务部、能源部、教育部都参与到科学、技术、工程和教育活动当中去。这不是个人的事情，而是国家层面的事情。

在此，我有以下结论和建议：

第一，全民科学素养与国家顶尖科学家的关系如同高原与尖峰的关系，高原越高，尖峰越高。

第二，国家科学水平的发展说到底是文化问题，并非仅靠“短平快”就可以解决的。全民科学素养是民族科学文化的重要组成部分。

第三，提升全民科学素养的关键之举是持续不断地重视基础科技教育。只有一代又一代孩子受过良好的科技教育，全民科学素养和国家科技水平才能够不断提高。

第四，应像对待大科学工程一样对待大科技教育，形成政府—社会—学校的合力，政府各部门都应参与到全民科学素养提升工程和学校科技教育发展当中。

周洪宇

中国教育三十人论坛成员

第十三届全国人大常委会委员

中国教育学会副会长

中国教育发展战略学会副会长

长江教育研究院院长

智能时代对教育治理带来的机遇与挑战

我想围绕教育治理这个角度谈一下智能时代对教育治理带来的机遇与挑战。

为什么要谈这个问题呢？大家都知道，随着人工智能、大数据、云计算、物联网、区块链技术的应用发展，人类正在从信息时代走向智能时代。教育正在跨入从教育信息化向教育智能化的新阶段，加强对智能时代、智能教育与教育治理关系的研究，构建一个适应智能时代、智能教育的新型教育治理体系，对于加快推进国家治理体系和治理能力的现代化具有重要的意义，且具有很强的现实性和紧迫性。

我们今天讨论科技发展与教育变革，不能不关注智能时代、智能教育与教育治理的关系。关于这个问题，我有两点想法和大家分享：

第一，什么是智能时代和智能教育？

第二，智能时代对教育治理带来了哪些机遇和挑战，前者是后者的基础和前提，后者是前者的题中之义。

关于智能时代的智能教育，因为我是历史学出身，有点历史偏好，看问题喜欢从历史说起，做一个简单的勾勒。从人类社会发展的整个历史过程来看，我们可以发现人类社会的每一次发展或者跨越式发展，都伴随着一次重大的教育革命。

人类教育发生的三次根本性变革

迄今为止人类历史上的教育革命，我个人认为大致上有三次（有的人说四次，因时间关系这里不做辨析）。一次是发生在原始社会向阶级社会过渡的阶段，原始社会有教育，但是没有学校教育。从现有的史料看，最早的文字、教师、学校出现在两河流域，就是今天的伊拉克，中国还要晚一些。但是不管是两河流域还是中国，都是在东方。所以我们说，文明来自东方。像古希腊文明、古罗马文明，是次生型文明，不是原生文明。

由于这个阶段的生产力水平不高，所以教育形态是学徒制。第二次教育革命发生在工业社会，从学徒制发展到班级授课制，使得我们的教育效率有了极大的提高，它呈现出规模化、标准化的特征，也给培养人才带来了同质化的现象，前面几位教授都谈了这个问题。今天我们正在进行第三次教育革命，这是从工业社会向信息社会和智能社会的一个过渡阶段，第三次教育革命正在悄然来临。特别是随着人工智能、大数据、云计算、物联网、区块链等新技术的出现，我们进入到一个智能时代。这个智能时代有哪些特征呢？我把它概括为五个方面：

第一，是基于物联网、大数据和智能技术的万物感知。

第二，在万物感知的基础上，实现互联互通。

第三，互联互通中实行及时的相互交流。

第四，相互交流基础上的高度协同共享。

第五，基于前面特征基础上的高度的智能与智慧化。

正是通过无时不在的交互共享、随时随地的沟通交流，整个世界构成一个命运共同体。命运共同体是人类的挑战和机遇，在这个时代我们的教育也进入到智能教育新阶段。智能教育有哪些特征呢？我大致概括为四个方面：一是教育过程的智慧化，二是教育治理的智能化，三是教育服务的个性化，四是教育生态的智群化。

从整个国际上看，对智能时代、智能教育都非常关注。2019 年 5 月 16 日习近平总书记在首届国际人工智能与教育大会上提到，把握全球人工智能发展态势，找准突破口和主攻方向，培养大批具有创新能力和合作精神的人工智能高端人才，是教育的重要使命。因此应把握全球人工智能与教育融合发展的态势，以促进人才培养为核心，以人工智能应用和人工智能普及教育为抓手，着力推进智能时代的智能教育的改革。

基于这一点我们就可以知道，加强对智能时代、智能教育的研究，是具有理论意义和现实意义的课题。

下面，我谈一下智能时代对教育治理带来的机遇与挑战。

智能时代给教育治理带来了很多机遇，人工智能技术为教育治理带来了教育管理的智能化。教育过程和决策的智慧化、教育服务的个性化和区块链技术引入教育带来了去中心化，是建立知识体系和信任机制的机遇。区块链技术表面上解决的是技术性问题，实际上解决的是信任的问题。通过区块链技术对教育行业的改造与整合，打造全新的教育理念、教育模式的方式，构筑公开公平公正的教育资源机制。人工智能技术在教育领域的应用，是智能化问题。作为知识密集型的教育领域，必然要充分发挥人工智能、区块链技术的功能与作用，利用更丰富、更先进的现代治理手段，优化教育管理方式，提高教育形成综合治理的能力，同时推进教育治理体系和治理能力的现代化，这些都是它的发展机遇。

有哪些挑战呢？我概括为四个方面：

第一，对教育领域“放管服”的改变。

第二，对推进新时代教育评价改革，克服“五唯”的挑战。

第三，对构建全民终身学习教育体系的挑战。

第四，对完善依法治教、依法治校带来的挑战。

它对教育的挑战是全方位的，我今天谈的主题是智能时代对教育治理的挑战，所以把它做了这四个方面的概括。

先看第一个方面。智能时代对于教育领域“放管服”的挑战。大家都知道，教育领域里面的“放管服”改革是政府自身职能的改变。我们讲中国的教育改革概括为几个大的方面：一个核心、四大改革、五大保障。

一个核心，是我们的教育改革都要围绕培养创新人才模式来进行改革，这是改革的内容，也是改革的核心，是出发点，也是落脚点。

同时要进行现代学校制度的改革、办学体制的改革、政府部门教育行政职能的改革，还有其他方面的改革，特别是考试、招生制度的改革，这是四大改革。

另外要把这一个核心、四大改革进行好，必须有五大保障机制的改革。第一是组织领导机制，这是最核心的，这个问题我们讨论了很长时间，但是在2019年全国两会以后，我们看到这个问题彻底解决了。现在教育的领导机制体制是最高层面的，跟我们过去教育界所呼吁的，在教育行政管理部门和不同的部门之间建立一个跨部门的协同机制，还高得多，所以这个问题已经彻底解决了。第二，政府部门教育行政职能的改革。第三，教师队伍建设，这是第三个保障机制。第四，教育的法律法规的机制改革和完善。第五，改革现在关注度不够，但是又迫切需要改革，就是教育技术的保障机制，是信息化手段，正是和会议主题密切相关的内容。总体来说，就是一个核心、四大改革、五大保障。

在“放管服”改革方面，现在智能技术可以通过智能技术数据挖掘，实现教育信息的有效整合和科学分析，从而发现教育行政部门简政放权当中，是否真正释放了基层教育改革的活力和创造力。对整个“放管服”出现的问题，进行有针对性的变革与创新，破解体制机制的弊端，从而全面提升教育的治理能力。同时教育机构和教育形式也在发生变化，降低了信息获取的成本，强化了教育行动管理的效率，有助于提高教育服务的科学性和效率性。利用区块链数据共享模式，用整体和系统的观点来规划，实现跨越应用，增强教育部门和其他部门之间的合作与交流，鼓励政府、学校、科研机构等相关利益者来共同参与智能教育的有关政策的制定过程。构建政府、学校、市场以及教师、学生、家长、社区等多元参与、共同合作的格局，这是第一个问题。

第二个方面是对于教育评价改革的挑战。人工智能技术和区块链技术，对于我们破除“五唯”——唯分数、唯升学、唯论文、唯文凭、唯帽子等不科学的评价导向，具有重要的意义。面对这些挑战，宏观层面为教育带来了去中心化知识体系，有利于健全政府、学校、专业机构和社会组织多元参与的教育评价体系。在中观层面，打破学校人才培养的应用化格局，建立以学校为基础，服务于家庭企业、社会线上教育等多元交互式的人才立体培养体系。利用区块链技术促进教育和人才体系在人才信息、学分、征信等方面更大规模的互联互通。好多专家也谈到了学分银行，实际上与教育评价改革也有直接的关系。

第三个方面，对构建全民终身学习教育体系的挑战。

第四个方面，依法治校带来的挑战。人工智能技术、区块链技术的出现，对我们如何立好法，既要促进又要规范带来了新的挑战。从立法的角度来看，法律是对现实现象的规范。当现实的事物还没有发展到相当程度的时候，是不宜以法律进行规范的。如果这时候规范，很可能会影响到它的发展。但是这些新事物的出现，我们又不得不进行管理，这是一个很大的挑战。所以我建议未来要关注、研究、推动相关方面的立法，特别是教育方面，制定新的法律，补充有关条款，促进和规范新的技术。

车品觉

红杉资本中国基金专家合伙人

香港人工智能及机器人学会副理事长

数据驱动下的教育创新

我是个教育的门外汉，但希望可以从自己过去的经历分享一些想法。在人工智能行业高速发展的过程中，我时常有机会作为一个面试官，面试很多应届毕业生。越来越多的学生会在面试时说，在过去两年里面参与了什么比赛，在这个比赛里面赢了及学到什么。听起来他们好像寓比赛于学习，而且相当雀跃。无可奈何的是在大学里，对大数据和人工智能有实战经验的老师比较难找到。最前沿的大数据和AI的人员都还在努力摸索中学习。虽然老师还是能教到一些基础的知识但难免容易跟现实脱节，因此学生觉得在线上的非正式学习变得更重要。我想说的是有可能今天的教育也会出现类似情况。虽然说学校教的知识有可能不合时宜，可能会让人觉得有点太功利，但能否学以致用对于社会还是个非常关键的元素。

我多年从事机构数字化转型的顾问，其中最重要的工作不是技术，而是利用技术去达到什么目的，如何让组织适应于新的技术当中。然后才开始盘点信息化的现状，每个行业都是这样，包括医院、金融。细心看清楚数据的可用、常用、共用的情况。例如在学校评估学习的效果，我们最常用的数据是考试结果，但我们很少会收集考试过程中学生的答题顺序及时间，然后去分析学生是答题技巧出现问题还是真的不懂。因为在纸上答题的关系，所以没有办法收集更多考试中的过程数据。中文和英文是比较容易主观评分的科目，人工智能的语言识别能力如果带来帮助，可能会产生一些教育的进步空间。

在全球的网络趋势中，有三点可能在改变着教育的本质。

第一，我们已经生活在一个高度连接的世界。

第二，信息的流通，2019年相较于2018年，信息量已经大了一倍了，未来的先进通信技术可能还会继续产生更大量的信息。

第三，人工智能处理信息的能力已经达到人类前所未有的高度。

大家有没有看过电影里面的情节，钢铁侠问超级电脑一个难题并说明自己的想法以后，早上醒来电脑就可以告诉他答案，这个梦想现在已经逐步实现了。有些人工智能实验室已经认为用电脑模仿6岁小孩的学习能力很快就能成功，等于让一个有6岁智商的小孩24小时浏览网站，学习知识。

为什么要谈论这个事情呢？因为人类跟其他动物的差别主要是我们有着语言文字记录及举一反三的学习能力。但是今天的人工智能的进步已经让机器智能与人类的差别到了分水岭，智能机器开始打破这个垄断。

这个对于教育而言意味着什么？是不是教育反而变得更重要，还是换个机器老师来上课就可以。我的浅见是人类必须学习如何驾驭人工智能，到了下一代，自动化会让学习更像快餐文化，人类会变得更愚蠢还是更聪明？凡事迷信网络而不明白其原理的人们能有差异化思考能力吗？信息科技发展到了今天给人类的学习带来了便捷，但思考的方法是否也应提升到2.0？培养下一代怎么用好人工智能可能是当务之急。

程介明

中国教育三十人论坛成员

香港大学原副校长

教育和科技：一个框架

围绕 2019 年年会“科技发展与教育变革”的主题，我们编辑了一本专题研究报告，名字叫《教育与科技：喜与忧》。在这本书中，我讲了四个问题：社会上正在发生什么，教育领域在发生什么，下一步还会发生什么，有什么需要关注、探讨和分析。关注的领域分两方面，一个是宏观的方面，工作与生活的形态产生了什么变化；一个是对知识与技能有什么要求。

《教育与科技：喜与忧》

工作与生活的形态产生了什么变化呢？不少行业职位面临挑战。各类中心正在消亡，大数据、人工智能使得我们正在走向共享社会、共享经济，导致商店、律师行、会计师行、医院等逐渐消亡，但学校还在。

科技创业非常蓬勃，但整个社会呈现碎片化，个体越来越孤单。从工业社会到后工业社会，我们更解放、更自由了，但同时也更孤单了。

教育应该如何应对这种情况？拓宽学生的学习经历。除了正规课程，还要培养学生的创业本领，这在中国也是一种趋势。

一、工作新要求

学生要不断学习、学会学习。不仅学习概念，更需要学会待人、接物、处事，这不是知识技能本身能够表达的。此外，还需要培养学生的正向态度，使得学生的态度是积极的，而非消极的。比态度更重要的是价值观，价值观是在家庭的熏陶、学校文化、老师楷模示范的环境中形成的。体验式学习是一种不错的尝试。越来越多的学校开始注意到社会情绪学习。

二、科技领域

现在是科技的时代，是 AI 或者大数据的时代，应该重视有关科技的学习。具体到教育领域，STEAM（集科学、技术、工程、艺术和数学多领域融合的综合教育）是未来吗？AI 技术是核心吗？与核心素养是什么关系呢？

人们生活在互联网、社交媒体、区块链当中，虚拟世界成为社交现实，虚拟和现实实现了一体化。在这种背景下，人机关系是怎样的？人如果都讲礼貌，就不会产生实质性讨论。当一个群组发生不同意见时，慢慢会形成主流意见和少数派意见。少数派的意见就会逐渐不再受重视。结果，群组里最后只剩下一种意见，认为全世界都这样想问题。目前，在世界上已经形成了一种网络里的小圈子的共识。教育怎么应对呢？将会发生什么？这是教育的责任，还是别人的责任？这些问题好像都没有得到回答。

三、学习新形态

学习已经不再局限于课堂，学生开始进行网上自主学习。虚拟教学、虚拟辅导已经显现。这是目前最火的，因为容易市场化。中国流行的AI就是商业化的课题。

AI时代，教育正在发生的是什么呢？是群体学习。新加坡、芬兰的教室里已经出现大的银幕，几个学生坐在银幕前学习。集体学习跟个性化学习是相辅相成的。

目前的智能教室则是另一种情况。很多学校用AI，一方面用于管理，一方面用于获取学生数据。深圳一所学校，学生上课刷脸才能进教室。每个班级有各个学生的指标。据了解，指标由老师制订。我无法评价这个问题的对错，但老师觉得掌握了所有学生的情况很自豪。

科技应用有没有考虑到学习？信息化、人工智能化，有没有考虑到学生的学习规律呢？科技和教学之间，科技比较主动。科技会认为教育应该做什么，培育应该做什么。这些都由科技提出，而不是教育提出的。这是不是跟教育改革同步呢?

科技变革到底在推动教育发展，还是在拉教育的后腿?学校让教育科技化，学生就变成了一堆数据。在芬兰，AI变成了教育主题。运用科技减轻教师工作负担、运用大数据管理学生学习的情况比较普遍。有些学校开始教AI这门课程，有人表示反对，认为应该把AI的原理融化在原来的科目里面。学校的工作会进一步数码化，学生学习进一步个别化，这是难免的，也在冲击整个教育体系、整个工业社会。

在这种情况下，个人的学习和集体化制度之间的矛盾怎么解决呢?混龄是一种解决方式，对于教育体系是一种挑战。技术科学与学习科学的矛盾、精准化与人性化的矛盾，这都是教育面临的挑战。

下面我谈谈教育与科技的三个喜与忧。

第一，在教育领域，科技的功能到底是什么?一方面是科技进入新社会，另一方面是深入教学领域。科技是为了替代人吗?这是一个大的哲学问题。人制造武器来杀人，发展科学来代替自己，这是谁的主意呢?教育的未来是什么，是科技吗?1997年我在新加坡的时候，发现互联网把整个新加坡连接起来了。当年科技大发展的时候，反而大家都不在意。AI是否完全不同呢?

第二，教育工作者对科技有什么要求呢?科技进入教育，教育是持接受、欢迎甚至拥抱的态度。但是教育要求科技帮忙了吗?科技主导，还是教育主导，这是一个大问题。说不定教育的未来，必然是科技主导。科技可以把需要改革的教育理念变得固化。

第三，科技如何与教育对话?这个对话是很少的。必须让科技专家多懂一些教育的真谛，让教育工作者多懂一些科技，但问题是，谁来当红娘?目前还没有。这也许是下一步科技发展与教育变革的使命。

分论坛一　机遇和挑战：科技和教育融合发展

朱廷劭

中国科学院心理研究所研究员

中国科学院“百人计划”学者

问向实验室全球未来人才研究中心主任

数据驱动大规模因材施教

下面我介绍一下利用数据驱动开展因材施教的一些想法。我是纯计算机专业，本硕博都是。现在中科院心理所任职，开展工作跟心理、教育有关。我们希望通过对数据的分析，结合个体的个性特点，对个体行为进行干预或者引导。如何利用信息技术提高教育的效率，也是我们想做的工作。

因材施教的主要目标，是针对教育对象的个性特征，做一些有针对性的教育和辅导。个性有差异，每个人都不一样，需要针对每个人的不同做改变，针对不同的个体实现个性化教育。

材，是指个体差异，表现在个性特长和能力方面，比如人格特征或心理指标等。因材，就是个性化，根据个人的特点做针对性的改变，以此提高教育效率。这就需要我们对个体的各方面指标进行全面了解，知道他的特点。

施教，让受教育者有所领悟，有所启发，让他们能够根据个性特点做一些训练性的学习。

个体差异体现在哪些方面呢？主要体现在生理和心理上。像身高、体重、血压等，这算生理指标。除了生理之外，还有心理指标，可以分成两大类，一类是智力因素，一类是非智力因素。智力因素如智商，非智力因素就比较多了，包括认知和非认知层面。认知层面主要是学习方式、学习风格、学习方法，包括认知能力、认知水平。面向心理健康的干预方法中的认知行为疗法，就认为心理不健康是因为认知出了问题，对世界的看法出了问题，需要改变认知，所以认知是个非常重要的层面。还有非认知层面，包括气质、性格、自我概念等，这些都与学生的成长密切相关。从这个角度看，个体差异中的生理指标可以干预的不太多，可干预的主要集中在智力和非智力方面，还有认知，这些层面对个体的成长有帮助。

一般来说，1 到 3 岁是口语学习的关键期，0 到 4 岁是形象视觉发展的关键期，5 岁左右是掌握数的概念的关键期，10 岁以前是学外语的关键期，5 岁以前是学音乐的关键期，10 岁以前是动作技能掌握的关键期。

教育对人的终生成长非常关键，尤其是 10 岁以前。人格特征一般在 6 岁就大致形成，在上学之前我们的个性特征已经成型。所以“3 岁看大”，是有一定依据的。在上学之前，就会基本形成以后几十年的人格特征，并且不会产生大的改变。对学生心理发展阶段的了解，可以帮助我们针对不同阶段的特点改进教育方法。

人的道德发展阶段，包括前习俗水平、习俗水平和后习俗水平。前习俗水平是根据行为结果判断好坏，所以小孩没有好坏的区别，没有道德标准，只是外界的反馈判断是否可行。这个阶段对小孩的管教非常关键，因为他不知道好坏。通过给他的反馈，让他了解什么是好的，什么是坏的。小孩有利己主义，这是正常反应。父母教育小孩，就是通过外界对他的不同行为进行反馈，让他学习，知道这个世界是怎么回事。如果没有正确反馈的话，价值观、社会观就会有变化。

习俗水平则是通过满足别人的愿望，主要是得到他人的反馈和评价，希望得到更多的社会评价。个体在社会上需要得到更多的认可，得到更多的支持，这样才能够有习俗水平。

后习俗水平，就是社会契约精神，遵守社会管理和社会契约的能力。前习俗阶段，对学生教育而言是非常关键的。

美国、英国、新加坡，对不同的学生水平会采取不同的策略。除此以外，也需要我们针对不同的学习风格进行因材施教，男女有差异，男性更注重视觉，而且不同学习风格对于学习效果也有影响。我们如果能够了解到学生的学习风格，可以在学习过程中有针对性地改进，通过研究结果发现不同的学习风格对不同知识的掌握是有区别的。

这也是根据个性特征做个性化的教育。

下面介绍一下从心理角度，如何实现对个体心理指标的自动识别。网上有报道，有学校通过机器自动监测小孩是否注意力集中，它的主要思路是通过行为预测心理指标，也就是机器学习的过程。这种做法可以通过对学生行为的记录，映射出相关的心理指标。

通过人工智能，建立映射模型，然后这个映射模型对学生就可以实现自动识别。这种自动识别就像新闻报道讲的那样，可以识别出这个学生是否注意力集中。从技术来讲，这是可行的。这个流程比较简单，就是机器学习的过程。机器学习的主要流程，就是建立输入的自变量和输出的因变量之间的映射。

我们做 Excel 趋势线的时候，也可以看作是一个机器学习的过程。趋势线是模型，通过散点图得到趋势线就是机器的学习过程。学完以后的趋势线，使用非常简单。利用预测模型进行自动识别，可以大大减少传统的自我报告法带来的限制。

通过对学生日记、报告等内容的自我表达的文本分析，可以实现人格预测。这样完成的生态化识别，就是通过对学生的生态化的行为表现，自动识别心理指标。我们就可以将自动识别出的心理指标应用在学生的学习过程中，优化学习过程。除此之外，包括手机和音视频数据在内，我们都可以通过对这些行为数据的分析，了解个体的心理特征。

我们也可以根据步态识别心理健康状况。利用大概 2 分钟左右的行走数据，就可以识别个体的心理健康状况。从预测模型的性能来看，与常规问卷法具有一定的可比性，能够实现对一个人心理指标的自动识别。

一般情况下，小孩不一定能读懂问卷，但可以利用他说话的音频进行特征分析，自动识别心理指标。

比如跟精神病有关的数据文本，可以识别个体的心理指标或者精神状态。行为数据多种多样，加上人工智能，可以识别个体的心理特征。利用对他们的了解教育他们，这样能够实现自适应的教学。根据学生的学习状况，不断改进教育的过程。因材施教或者利用大数据、数据建模，了解个体的特征之后，可以对教育方法和过程进行优化。

赵国弟

上海市建平中学校长

基于智能化的未来教育之思考

2019 年 8 月底在上海召开了世界人工智能大会，在这个大会上有一个 AI 赋能教育的专场。一个主题是人工智能怎样辅助学校的教育管理，另一个主题是人工智能怎样辅助学生学习。内容涉及学校的管理、学校安全，以及管理学生的档案，我们看到主要是批作业、反馈数据，还有一些是对学生个性化的辅导。

在中国第四届智能协会的会议上，有专家学者提出了关于基于公有链技术的产教云，它试图打破学校之间的壁垒，让学习成为中心，所有的职能部门机构整合起来，形成一个网络的交流平台。

最近苏宁的一个技术专家将人脑的脑电波和电脑实现了连接，通过脑电波可以看到人在想什么，视频上展示一个图形。今天的教育现代化、信息化已是应有之义，离开教育信息化的教育现代化无法想象，一定要把所有跟信息化相关的好技术、好概念应用其中。

我今天主要分享三个观点：第一个是基于智能化的未来教育，第二个是未来教育在当下的尴尬之处，第三个是主动拥抱未来教育。

一、基于智能化的未来教育

未来教育是基于对过去教育的总结来预测，它涉及很多内容，有教育机构、教育形态、教师、学生、学校等一系列内容，都会发生很大的变革。我们也在设计自己学习的变化，怎样做到随处可学，学生能够对后续学习进行支持，这涉及运行机制，还涉及对人的整体关注。比如对人的健康关注，可以从饮食、锻炼、家庭情况和体检情况，来提供个性化的锻炼方式，这叫学校的重构，可能会有比较大的变化。这当中有几个基本特征：

第一，未来学校一定是基于信息化或者互联网，或者人工智能范畴，而智能化应该是介入比较高的。

第二，学生的教育是社会化、个别化相互融合。

第三，学生的知识学习以及程序性技能是机器可以代替的。确定性的知识，以及确定性的程序性技能，是可以被替代的。

第四，实现一人一方案的教育想法。既是基于标准化、集体化的教育，又能做到个别化的教育。

变化以后，会带来一系列的问题，一个是针对教师，一个是针对学校。对教师而言，如果基本知识和程序性技能机器能解决的话，教师则变成学生潜能的发现者，同时也是学生人生价值的引领者。在学习阶段，更重要的是对学生在情感变化发展过程当中进行呵护。今天很多孩子有心理问题，且比例越来越高。现在老师陪伴学生的时间比较少，更多的是学习知识和技能，在如何考出好分数的角度想得比较多，未来则腾出来时间给学生做心理呵护。

未来教师主体意义更加丰富。学生刚进学校的时候，分数的差异很大，分数背后的内在差异也很大。有的是通过学习，有的是相互学习，还有专题化学习。学校最重要的是开放，将众多的学习资源引入学校，引入教室。

二、未来教育在当下的尴尬之处

第一，不对称性。信息技术引入学校已经很长时间了，1992 年我校就把多媒体引入教室，当时价格很贵，一间教室要投入十几万。多少年以后，真正的影响不大，但是投入巨大。今天改变了多少呢？有点改变，但是投入与产出是不对称的。

第二，不确定性。为什么学生的改变不大呢？一个是还没有迎来快速发展期，一个是学习本身太复杂。学科的逻辑，并不代表学生的学习逻辑。学生在同样环境下，学习能力差的总是原地打转，学习能力强的一点就通，个人的模型不一样，这种模型很难建立。

第三，负面影响。使用智能工具者的价值取向偏差，可能带来学生学习的灾难。以前让学生抄题目，后来可以电脑下载题目，今天让机器批阅以后，学生会更轻松。

第四，欠灵活。长期以来教育面临体制与机制的封闭僵化，如何把每个老师的大脑智慧激发起来，无论是利用公有链还是区块链，都是一个巨大的难题。

三、主动拥抱未来教育

一个鸡蛋从外面打破是食品，里面打破才能获得重生。信息化、人工智能已经参与到学习中，而且现在还有科技企业大量地投入进来，如果教育者不主动对接的话，后果肯定是很可怕的。

在这个过程当中，对接什么呢？我们看到现在有的技术还是可以应用的，比如语音识别技术，现在上海的高考就在使用了。语音识别技术可以帮助老师提高学生的语言学习的能力，特别是识别读音、语言的正确性。像图像识别技术，现在用得最多的是解题。这些技术的爆炸式出现，学校和教师都要主动迎接、勇于去学习，并在学习中实现优化。

满足学生心理需求是教育成功的前提，教育成功与方式技术有关联，但决不是决定因素。

蒋德明

成都市第三十七中学校长

教育科技推动个性化教育

今天我要和大家分享的是教育科技推动个性化教育。个性化教育是一个宏大的课题，我想从生涯教育层面谈起。生涯教育的有序开展，需要四个部分的支撑。我从四个方面进行阐述。

一、厘清现状，领航价值方向

对于现状，一方面基于信息技术条件下对学生的知识架构、价值观念、思维能力的思考。另外一方面是包含新时代条件下国家的发展需求，新高考改革背景下对育人目标、育人理念的思考。

1. 以生为本，探寻发展之源

伴随着信息化技术的迅猛发展，学生获取信息的渠道很庞杂，知识来源结构不同于以往的以学校教育为主，知识更加丰富，视野更加宽广。我校一位高二的学生，文化成绩较好，考到985、211 高校应该没有问题。但是她把清华美院作为奋斗目标，家人非常不理解，父亲不赞同。她是一个非常有想法的人，知道自己想要什么。她自主学习了生涯教育理念，说服了家长，她的生涯规划报告《心之所向，情有独钟》触动了我。她每个周末在画室度过，别人看来很枯燥，但是她乐在其中。今日的学生，越来越多的自主萌发了规划个人生涯的意识，我们能做的就是因势利导，做好生涯教育。进一步培养学生自主、自信、自立、自强的意识，为学生一生的幸福和发展奠基，这是我们学校的办学理念，也是所有教育工作者的共同价值追求。

2. 与时俱进，领航价值方向

生涯教育的初衷除了为学生谋幸福，更是基于为国家谋发展。新高考改革等一系列国家政策逐步颁布，作为校长一方面要贯彻国家政策，同时也要思考这些政策背后的深意何在，并在此基础上思考学习未来的发展方向。新高考改革是基于多种原因的，其中最关键的是应时代所需，培育创新型人才。中学阶段能做的，就是培育学生的自主意识，使学生真正在了解社会和时代发展的前提下，找到最适合自己的专业。只有这样，学生的创新意识才能真正被激发，才可能成为这个领域的创新人才。百年大计，教育为本，生涯教育势在必行。

究竟如何实施落地呢？这是接下来要探讨的问题。

二、搭建体系，梳理课程内容

根据立德树人的育人目标，结合我们学校自身特点，针对不同学段学生的生涯发展规律，我们以课程为抓手，全面梳理生涯教育课程的内容，提炼课程主题，整合课程资源，搭建课程体系，全面推进学校的生涯教育。

1. 梳理内容

经过梳理，我们学校的生涯教育课程主要包括愿景、扫描、落实、决策等四个篇章。其中愿景篇又分为个人愿景、家庭愿景、社会愿景及愿景自信等四个部分，扫描篇分为个人特质、学科、升学路径及政策解读等四个部分，落实篇分为目标管理、计划制订、反思调整、反馈监督、激励机制、自力更生及学习方法等七个部分，决策篇分为决策策略、模拟选课、时间表制订、生涯规划设计及志愿填报指导等五个部分。

五类课程、三个层级。五类课程包括专题、通识、渗透、衔接、活动等课程。为满足不同学生生涯发展的需求，我们又把生涯课程分了三个层级：相关、融合和核心。相关课程以实现生涯教育覆盖为目标，核心课程主要针对小部分生涯发展水平较高的学生。

2. 搭建课程体系

专题性课程是帮助学生“知其然”的课程，班主任、家长、学生是主体，主要在生涯班会侧重实施。课程主题由实施主体在生涯主题和内容中自主选择。

通识性课程是帮助学生“知其所以然”的课程，在生涯规划的常规课、生涯讲座或一对一生涯辅导中实施，课程是学校开发的内容。

渗透性课程是帮助学生“拓其然”的课程，由全体学科教师实施，不影响学科教学任务，根据章节内容自主选择。

衔接性课程是帮助学生“接其然”的课程，以学科骨干教师为主体，在升学前后实施。

活动性课程是帮助学生“验其然”的课程，以社团为主体，以社团活动为载体，根据学校的整体安排来阶段性实施。

通识性课程以高校教师作为实施主体，通过生涯讲座帮助学生认知高校、专业、职业。衔接性课程，主要在新学期第一阶段实施，建设九大学科。活动性课程，以生涯教师为实施主体，根据学生的需要，小团队开展认知活动。融合课程以追求大部分学生受惠为目标。

核心课程方面，我们的通识课程采用生涯教师一对一指导的方式开展，内容因人而异。衔接性课程，以学科教师选科指导为主要内容。活动性课程，以生涯教师为实施主体，根据学校和学生的具体情况，以生涯规划小组的方式来开展。这类课程以追求小部分学生受惠为目标。

三、汇聚共和，组建生涯团队

生涯教育要真正做深做实，需要群策群力，协调合作。学校需要创建一个由校长主导，学校各个部门共同集体融入，通过愿景描绘等方式，达成团队共识，形成生涯教育共同体。为此学校设立了生涯中心，由校长负责，下面有四个联络组。教师发展联络组负责教师生涯能力的提升及生涯课程管理，包括了社会性课程。学生发展联络组负责两个板块，专题性课程和活动性课程。

各联络组定期召开会议，按照分工定期有序开展工作。2019 年四川还没有实行新高考，但是为了积极应对新高考的变化，我们高中的六门学科是基于本学科打磨，筹备生涯规划课程。教师发展联络组是集体搜寻全国各地的生涯教学相关信息，联络生涯教学专家，坚持引进来、走出去相结合，助力学校的生涯教育发展。

学生发展联络组，主要通过问卷了解学生现状，并通过打造生涯主题文化、主题班会等一系列方式，唤起培育学生的生涯意识。生涯教育的实施过程中，我们也借用了大数据等科技手段，通过调查研究、数据分析，精准了解学生的诉求，聚焦学生的成长。

四、聚焦成长，助力立德树人

（一）学校特色更加鲜明

1. 成功搭建了生涯教育的课程体系，开发了五类课程。

2. 以生涯教育为特色，我们成功申报了成都市的心理健康特色示范学校。

3. 活动丰富多彩。我们的生涯规划分为入门级、获奖级、宣传级。我们有

40 多篇论文、14 项成果获得了省市区的相关奖励。

4．新闻媒体对我们学校的工作给予了高度关注和相关报道。近三十次在人民网、腾讯一大成网、搜狐网、四川教育新闻网、中学教育网、阳光高考网、时代教育等网络媒体或杂志上做专题报道或转载报道。

（二）教师意识初步唤醒

从教师的意识来看，我们是“初步的苏醒”。我们搞了生涯测评的后测数据，包括是否愿意参加生涯教育的课题研究、承担的各类课程等七个方面的数据。通过 2019 年与 2017 年的数据相比，有了大幅度的提升。我们先后 13 次在区级及以上单位分享学校的生涯教育工作经验和课题的研究成果，社会反响良好。

（三）学生动力得到激发

四川省教育科学研究院和四川师范大学抽取了 11 所高中进行了生涯规划的追踪调查，发现我们学校的学生生涯规划的水平高于样本学校的平均水平。

最后我谈一谈生涯教育的困惑与不足，主要有以下四个方面：一是学校五大课程分类标准是否恰当和科学；二是生涯教育内容的确定多以经验式为主，还需要客观数据的支撑；三是生涯教育效果缺乏横向、纵向评价；四是生涯教育还需持续沉淀与挖掘。总之如何借用先进的教育科技手段突破上述难题，是我们接下来所要思考的内容和推进的工作。

董君武

上海市市西中学校长

数字化背景下建构新型教学范式的实践探索

一、人工智能正在改变世界

人工智能催生着哲学及伦理的新思考。二十多年前我跟人讨论，也许生命只是智慧存在的一种方式。也就是说人类是有智慧的，也许未来除了人类这样的生命拥有智慧之外，还有其他的智慧存在。

回顾科技发展史，我们不断寻找地外生命、地外智慧。今天地球上人工智能的发展，也许会成为有生命的人类之外的另一类智慧存在。计算机除了今天以无机物的开关、二进制技术计算之外，还有一个研究方向，就是以有机物或者微生物支持算法的生物计算机的研究方向。人类的大脑到今天还没有全面的揭示其思维过程是用什么样的算法支持的。当微生物支持计算机的时候，人工智能是生命还是非生命……这些问题引发了人类对自身世界的全新思考，需要哲学的组建和社会伦理的组建。

人工智能改变着人类劳动和生活方式。已经有专家预言，未来 30 年，60% 以上的劳动将被机器人取代。今天的教育工作者面向未来，要思考 30 年以后什么样的劳动不会被替代。只有想清楚这样的问题，才能懂得面向未来的教育要培养什么样的学生。作为教育工作者，我们必然还要思考教师的劳动会不会被替代。作为教育工作者的个人观点，在短时间里面，教育岗位、教师职业会长时间存在。但我们仍要对教育进行思考，也就是在信息化时代，人工智能充分发展的时代，学生学什么、怎么学？教师教什么、怎么教？学校将以什么样的形态存在？

二、思维广场撬动教学变革

我去市西中学工作，起初是带高一的课。我发现像我这样有教育理念和教育情怀的人，上课上到最后也会以自己讲为主。这使得我思考一个问题，为什么很多老师有好的教育理念，但是一到课上，就是以讲为主。所以我跟老师们讨论，有没有可能通过突破传统的教育方式，以教学空间的重构，迫使教师教与学的改变。我们的现状是一节课 40 分钟，老师面向整个班级学生的时间 1 分钟也没有。任何一个时刻，你面对的只能是部分学生。

经过三个月的实践，我们不断跟设计师沟通讨论，最终建构了这样一个空间，我们称为思维广场。这是一个 880 平方米两层大小的空间，整合了传统的教室、图书馆、讨论室的功能。这里融入信息技术，融合丰富的课程资源，保障多样性学习方式。半封闭半开放的学习环境，为广大学生提供了开放自由的学习空间和弹性灵活的学习时间。

这样的教室怎么上课呢？举个例子，政治、历史、地理三节课，三位老师，三个班级一个组合，每个班必修课拿出一节课，总共三节课连排。100 多位学生在 3 位老师带领下上课，学生走进课堂，拿到目录，了解一节课学习的目标、要求、任务是什么，然后学生找空间去自学。20 分钟以后，老师安排不超过 25

分钟的讨论，学生可以自主选择，可能第一个时间段学政治，第二个时间段学地理，第三个时间段学历史。在这样的学习中，学生学习的空间、时间都是自主的。所以我们直接建构了思维广场的教学流程、目标引领、自主演习、合作研讨、思辨提升。在这样的教学过程中，教师和学生都有明确的任务。

在思考广场撬动了教学的基础上，我们认识到空间的变革确实可以改变教与学，所以我们逐渐建构了“学习空间连续体”。学生的学习既需要结构化的正式学习，也需要非结构化的非正式学习。不一样的学习，需要不一样的空间来支持。

三、网学课堂再造教学流程

在思维广场初现成效的过程中，我们发现思维广场更适合于政治、历史、地理这样的人文学科为主的教学。数理化怎么教学呢？实验之前，我在学校里面进行了多次讨论。我们数学教研组率先在三年前开始创新网学课堂，以人机互动引导自主学习，以云课堂重构课堂教学流程。具体而言，包括以下步骤：目标引领、视频先导、自主学习、练习反馈、释疑深化、思辨提升。也就是学生在学习目标任务的指导下，先自主学习，再去进行教师教学。为了这个教学流程，我们做了三项前期准备工作。

一是把高中数学的知识点全面细分，细分到我们认为不能再细分的程度，并初步建构了知识图谱。二是组织优秀教师录制微视频，把每一个概念与方法的微视频，融入知识图谱一个或几个知识点。三是建立了基础性的练习题库，也把每道题目对应到知识结构图谱的一个或几个知识点中。我们通过这样一个教学流程的结构，经过两年多的实践，使学生的素养、思维能力以及考试成绩都得到了充分提升。

2018 年 9 月，我做了一个简要的归因分析，为什么这样做效果好呢？至少有这么几个原因：第一，学生以现有知识为基础，能够学会一些新知识。第二，学生自己学会的知识，是比较牢固的。第三，视频先导自主学习，使教学起点更趋一致。第四，练习难题的课内外置换，有助于学业减负。

四、面向未来建构全新范式

目前我们承担了教育部重点课题，在基于思维广场和网学课堂实践成果的基础上，进一步凝练和践行“优势学习”理念，探索建构学校整体因材施教的全新教学范式。项目目标有两个：

一是在数字化背景下，探索突破以年龄为主要依据安排学习内容与进程、以教师预设和讲授为主的教学方式等局限，建构以学生学业状况为主要编班依据，满足学生个性化的学习需要的课程与教学系统，适应学校整体因材施教的需要，促进学生优势学习与发展。

二是应用信息技术，探索建构突破传统教室的包括虚拟学习空间在内的新型学习环境，研究建立基于知识和能力结构图谱的资源平台，研究开发具有学习资源、诊断评价和匹配推送等功能的学习平台，探索建立支持学校整体因材施教的学校管理制度，保障学生个性化优势学习。

这两个目标最核心的是要实现三项突破：第一，突破相对封闭、单一的教室，建构包括网络平台的开放、多元的教学空间和环境。第二，突破以教师讲、学生听为主的教学方式，建构多种学习方式融合的教学范式。第三，突破以年龄作为教学进程安排的主要依据，以学生学业发展水平与状况安排教学进程。

张同华

杭州学军中学副校长

学教和谐，因人施教

我是一名文科老师，看到“科技和教育如何融合发展”这个题目就想到刘邦手下两个谋士，一个是陈平，他是中国几千年高级谋士的代表人物；另一个是张良，帝王之士。但是这两位谋士最大的区别，陈平是术，张良是道。术也好、道也好，科技发展对于教育的规律，是改变了公立的应试教育，还是提供了一种高效精致的利己教育，换句话讲，是打开天堂之门，还是打开地狱之门。结合我们学校这几年构建科学高中的做法，把我们学校的一些结论性的东西，和各位专家同行分享一下。

学军中学快速发展，目前在杭州有四个校区。我们一个年级 12 个班，不到 600 名学生，大概有 63% 的学生能考到浙大。在这样的生源前提下，我们提出了构建科学高中的规划，致力于培养有德、有识、有才的领军人才，让我们的孩子多年以后，能成为某个行业的精英、某个领域的开拓者。这几年构建科学高中的时候，借鉴美国托马斯高中的做法，我们提出了自己的办学目标、教学模式。托马斯高中要求学生毕业的时候，具有九种能力，还具备八个必备的价值观。

我们的办学目标就是培养未来领军的科学人才。我们的课程建设，就是对已有的必修课、选修课进行融合和创新，从单学科课程到跨学科课程，从学科课程、学科实践活动到综合实践活动，从中学学科过程到大学选修课，匹配中国科学高中的课程。

有几位校长讲了通过改变空间来改变传统的教学模式。我们学军中学这几年，也在校园里面开辟了很多自主学习的空间、个性化学习的空间。还设立了跨学科的课堂教学模式，设立导师制、实验制，等等。

这是以课程开发为支柱，以计算机运营技术为核心，人文学科为支撑的特色化课程。在建设科学高中的规划过程中，我们通过全校师生大讨论，实现认真论证、反复讨论。

在建设科学高中的过程中，我们把老师们的一些想法提炼出来：转变方式，知行合一，融文通理，内心驱动。

除了改变传统的教学模式，我们还有很多自主学习的空间、创客空间、网上学习空间，等等。经常讲到一个故事，狐狸和刺猬的故事。狐狸和刺猬最大的区别是，当狐狸碰到危险的时候，可以根据实际情况想出各种各样的办法来应对危险。而刺猬遇到危险的时候，使用同一种办法应对，就是把自己缩成团。所以这两种动物，也是我们校园里面经常出现的学生，一种是广泛地思考和学习，像狐狸一样，拓展思维。还有一种坚持普通的原则，万事万物用一种理念去解释，就像刺猬一样。我们转变学习方式，在校园里面，在各个空间、各个角落，像狐狸一样广泛批判性地思考学习。

我们还需要融文通理、内心驱动。2017 年 4 月，习总书记接见了芬兰的首席科学家，他是芬兰地球空间研究所的所长，遥感电子学的专家陈育伟，也是学军中学 1995 届的校友。我们请他做了一个讲座，其中有几点我印象特别深刻。他讲到每次出国，总不忘记带曾国藩的《传习录》和《资治通鉴》。在家里晚自修的时候，他的爸爸妈妈不是大学教师，不是专家，是很普通的工人，但是每天晚上大家很安心地做自己的事情。他一生从事科研，那时候爸爸妈妈对待工作、对待事物专心致志的氛围，对他影响很大。

让我们共同努力，实现一个共同的追求：政治是有理想的，财富是有汗水的，科学是有人性的，享乐是有道德的。

李希希

问向实验室总监

建构时代的未来人才培养

教育工作者的第一要务是问问题。问向实验室每年都会问一个好问题，2019 年问向实验室的问题是：科技与教育的未来。

今天的孩子们真的有时间思考未来吗？他们有足够的能力应对未来吗？解决方案在哪儿呢？我们经历了几个潮流：第一个大潮流是精神动物学派，第二个潮流是认知行为学派，第三个潮流是人文主义，第四个潮流是后现代社会注重的建构概念。建构时代的特征是高度的不确定性、复杂性，流质的社会，不断在变化，孩子们获得信息的方式更加便捷，所以信息很多。信息多的背后是什么呢？是选择的高度复杂。

有一种冷叫“妈妈觉得冷”，有一种焦虑叫“我身边的人都好焦虑”。在座有很多爸爸妈妈，有一种群叫“妈妈群”，进了“妈妈群”会看到各种比较。焦虑意味着我们会被一些东西锁住，焦虑会让大家恐惧，焦虑不会带来激励。我们都在探索解药，各种学习方式、路径方式，各种让孩子成长的路径。在过去的一年半，我们发现首先可以用可视化来呈现这个现象。

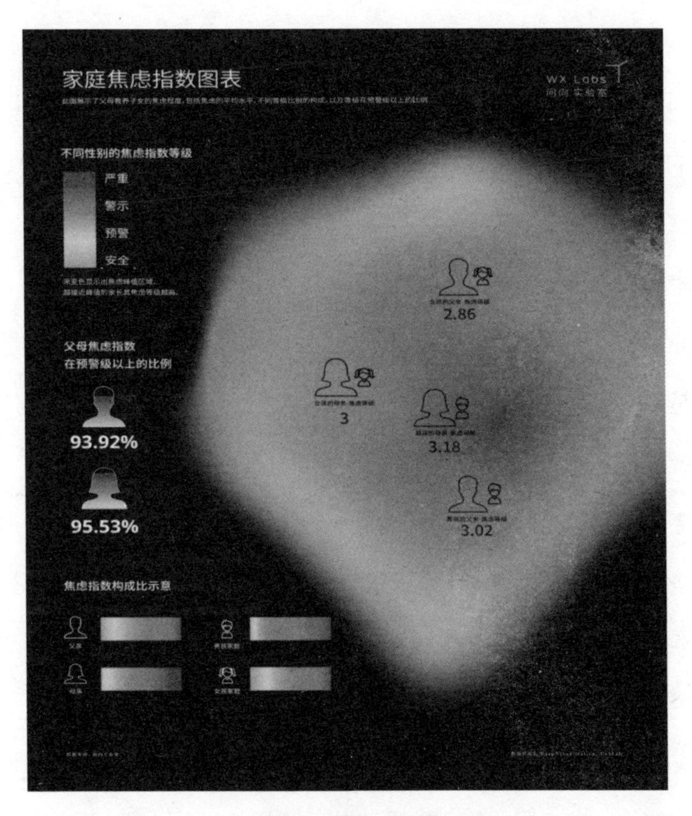

家庭焦虑指数图表

请大家看上面这张图。你们猜一下男孩的爸爸妈妈和女孩的爸爸妈妈，谁的焦虑程度高呢？我们实验室里有一位专门研究脑与学习的教授，做讲座的时候经常语重心长地跟家长们说，“吼”是不解决问题的，你再吼他今天不会就是不会，但是过三天，你再试，咦，他居然会了，这就是科学规律的力量。焦虑的解药是科学，未来的路径就是科学的问题。这样的环境中，什么样的人会生存得很好？是了解自己的长处，心态开放，有好的抗压能力的人。

第一个挑战：充分认识人的多元性。

如何认识多元性呢？影响学习的因素有很多，问向实验室有一位专家研究出影响学习的因素有252个。一个孩子的认知优势、批判性思维、创造性思维、解决问题的能力，对他们来讲太重要了。欠缺的是什么呢？想象力、好奇心、审美、语言。

第二个挑战：充分遵循人的发展规律。

在工业时代，培养孩子人际交往、合作能力，这是一个重要的能力要素。现在已经是后工业时代了，但是我们的教育在哪儿，我们如何赶超，如何和孩子们共同成长？

问向实验室丛书里的第一本是《未来通话》。我们以为生涯教育就是选科，当然把这些工作做好是基础的。问向的大数据完全可以支持这个部分，但是除此之外还有重要的其他部分要做。

第三个挑战：充分保护人的成长动力。

问向实验室在2019年年初的时候，做了一个关于“高中生感兴趣的未来职业”的数据统计。未来职业有VR设计师、梦境打造师、机械顾问、宇宙外交官……我们不单为就业培养人才，要教会人在社会中如何应对这个变化，保护人的成长动力。今天做的很多生涯教育，仅仅是1.0版本。我们提出的建构时代的生涯教育，是最后一个人生的设计。

我看到很多老师对学生说禁止带手机入校，老师们也可以引导孩子们思考，我们如何管理好手机，如何用好手机。我在大学教书，有的老师要求学生把手机放到固定的桌子上去，我上课的时候每讲到一个概念，就会让学生在手机上查并看谁查得快。今天早上讲到一句重要的话，激发学生学会什么，这个能力太重要了。所以OECD提出来，在科技时代，孩子们需要教育者培养，孩子们需要学习的能力。

有的老师讲没有专业自信，但是资源、科技可以帮你做到这一切。学生到底需要什么，当我们的老师知道这些的时候，才有能力、有时间、有空间激发孩子的成长并找到方向。我们在教育领域，如果有学生的画像，怎样匹配它的教育资源呢？尤其是从顶层设计上面，有很多学校拿评估的图，做成用学校数据支撑的学校教育追踪的一个图谱，用数据来替代解决方案。

家长要学会照镜子，要学会自我成长和管理，这是家长需要成长的部分。如果这个做好了，家长在情绪管理、养成方法、学习习惯养成等方面都可以给孩子很多帮助。

建构时代的未来人才培养，从人的多元性、发展规律及成长动力为孩子创造无限可能。让教育者主动起来，这就是过去问向实验室一直坚持做的事情。

分论坛二　科技挑战：未来需要什么样的教师?

罗　滨

北京市海淀区教师进修学校校长

中国教育学会初中教育专业委员会理事长

中国教育学会学术委员会副主任委员

未来教师应具备的两个关键能力

一个国家的强盛是从教师的讲台上开始的，这就需要一批优秀的教师。

每一位老师、每一位家长都希望在每一所学校、每一间教室都能够让孩子对未来充满希望，并为之持续地去努力，里面的关键人物之一就是教师。什么是老师呢？为人师表、答疑解惑的人就是老师。一般的解释，老师是一种职业，是传授知识的人。有一些岗位上的人也叫老师，因为他在某种方面值得学习，或者给我们启示，带来正确的知识或指导。

一、教师要理解教育的首要问题

我从工作角度，从对教育的理解来说，教师首先要能够理解当前教育的首要问题是什么。首要问题就是培养什么样的人，培养社会主义的建设者和接班人。我们培养的是合格的建设者和可靠的接班人，可靠是要有中国心，要有家国情怀，合格是要有基本素养。这是国家的育人目标，它必须宏观抽象。我们每一位老师，无论是教语文、数学，还是教美术、音乐，这样的培养目标和每一个学科的教授是什么关系呢？我们怎样做呢？

国家组织了大批专家，历经数年研究，对我们要培养的人进行了画像——

具备学科发展核心素养的人，就是合格的建设者和可靠的接班人。因此说核心素养有一个画像功能，刻画了这样的人需要具备哪些素质。

另外还有一个导航功能，这个导航导到哪里去呢？我们每一个学科要做的，是以学科核心素养为中心，构建每一个学科的目标。这个目标如何落地，有它的学业标准，通过它来引导评价落地。

当前教育改革的背景是什么？我想有以下三个方面：

一是育人目标的升级发展。在 1952 年提出的是“双基”，基础知识和基本技能；2001 年提出了“三维目标”；2017 年《普通高中课程标准》又提出了“学科核心素养”。这三个版本的育人目标逐步升级，其实也是一个革命性的变化，我们心中要有数。

二是学生成长的多样需求。社会对人才的诉求不同了，孩子们的学习方式、学习内容以及沟通的方式也发生了变化，我们也要去适应。

三是人工智能的迅猛发展和国际竞争的日趋激烈。

在这样的背景下，我们再来思考教育的使命，无论是昨天、今天还是明天，我们的教育使命都是为国家、为社会、为未来培养人。

为未来培养人，这个人长什么样？我们也要画像。我个人认为那些素养都很重要。相对而言，我们强调不够或者无意当中被忽略的，第一个是超强的学习能力。未来难以预测，我们的学生、老师能不能具备这样的能力——在用中学，在学中用。第二个是超强的学习身心。未来不确定，环境是陌生的，问题是没有遇到过的，是综合性的、复杂性的。我们是恐慌、逃避、抱怨，还是直面挑战呢？我们能不能有一个拥抱不确定性的心态并为之努力，整合各类资源，调用各种知识、方法、人员来协调解决，这需要一个超强的身心。

二、教师心中要有未来学校的模型

作为老师，我们也要想一想未来学校是什么样。很多人绘制了未来学校的图景，在美国也有直接叫未来学校的。其实每一个老师心目中都有一个未来学校。现在做老师很幸福，国家发展了、教育投入多了，我们的愿望可以在一定条件的努力下实现了，因此我们要过那种让教育生命增值的教育生活。

我们可以从三个维度思考：一个是时间维度，必须要考虑，因为我们培养的是未来人才。二是空间维度，在全球化的大背景下，我们要做的教育是有世界水平、中国模式的教育，这里面有物理空间，更有人文环境。三是未来教育从性质上讲，它是具有中国特色的，我们无论走多远、走多长时间，还是要坚守育人本质、回归教育本源的中国模式。

那么重新设计，设计什么？物理空间上，从集体学习转向个性化学习。学习方式上，从听读练考转向场景融合、灵活多元。管理空间上，从统一学制转向弹性学制。当然信息化的技术和基础也非常重要。

三、未来教师应具备的两个关键能力

技术支持下的学习很美，但是很难做。无论是学生的学习还是老师的学习，很难。技术有了、资源有了，学了吗？效果怎么样？这是我们要考虑的问题。如果要成为未来教师，他应该具备哪些素养呢？其实对于教师来讲，国家是有明确规定的，有幼儿园的、有小学的、有中学的。中学教师专业标准是教育部发布的，包括63条子目。

即使具备了这63条，现在的很多老师也有一种本领恐慌，也有害怕、担心。未来教师应该具备两个关键能力，不是说只要这两个能力就行，但是这两个能力要单独列出来，我们要进行思考、要去研究和实践。

老师要做明白之师。2018年的PISA考试，中国学生三个项目全部第一。它带来什么启示呢？上海参加了两轮，共有四省市参加，我们的成绩非常好，令世界瞩目。不但看到了中国教育办得好，也看到了中国的教研发挥了作用。其中数学和科学成绩，高出第二名数十分。在测试教师的时候，发现中国的老师也很好，持证上岗率96.3%，在参加测试的所有国家当中排名第四。

做明白之师，也是做明白之人。我们知道自己的优点，也要知道自己的不足。在改进当中，特别需要关注以下五个方面：

一是需要关注学生的情绪健康。学生有正向情绪，也有负向情绪。其实整体的正向情绪还是不错的，但是负向情绪也比较高。负向情绪集中表现在哪里呢？就是学生对失败的恐惧。

二是需要关注学生校内生活。学生情绪健康程度差异很大，不同学生对学校幸福生活的感受差异也比较大。

三是关注学生不愿从事科学相关职业的问题，愿意从事的是16.8%，而在美国是38%、加拿大是34%、英国是29%、新加坡是28%。

四是关注学生学习时间过长、低回报的问题。

五是关注保证质量的同时，需要兼顾地区内的教育公平。

这次参加考试的四个省市，确实是教育发达地区。虽然我们看到了教育当中成绩卓越的一面，但是仍然需要大家共同努力。

这种情况下，我们对教师的素养要再认识——教师需要有两个关键能力。

第一个关键能力，就是教师的育德能力。这不是应用某种技术的能力，这涉及培养什么样的人的问题，比怎样培养人更重要。

老师的育德能力就是价值引领，引领孩子认识到并愿意去努力成为应该成为的人。这是每一位老师的工作，不只是活动上、班会上，更重要的是每一个学科的每一节课上都要体现。以海淀区为例，我们大约有6000多个班。换句话说，早上8点钟一到，6000多位老师同时上课，这一天7节课下来，每一节课、每一位老师发挥的作用都非常重要。我们不能指望班会课或者课外活动来培养、来进行德育教育，应当在学科内容、学习过程、学习评价的关键驱动中来进行。老师的育德能力，也表现为老师成就学生的能力，让学生愿意跟随他。我们有一个项目叫“绿色成长学科德育项目”，要求每一个学科老师都要做。

第二个关键能力，就是老师的创新能力。育人的创新，包括育人方式的转型升级。2019年6月，国务院办公厅发布了高中育人方式的文件，也在提育人方式的改变，其实非常重要的是学习供给创新，要求每一位老师理解大环境、明白大方向，在自己所在的学校进行这样的创新。这里面有我们倡导的单元学习目标的确定，有学生学习活动的设计，有基于学科又超越学科的综合性学习的开展，有学生学习环境的设计……这些都是创新能力。

这个过程中有两个难点：一是教师对学科的理解，对学科育人价值的把握；二是教师对学生学习的理解，对学生成长的关键的把握。

统计在小学、初中、高中都要学，现在我们尝试用任务来驱动。第一个问题，请你调查一下本班同学中午吃饭排队最长可以忍受的时间。第二个问题，请你调查全校同学午餐时排队最长可以忍受的时间。这两个任务的区别在哪里？

一个是全班，一个是全校。

第一个任务是四年级学生的任务，第二个任务是八年级学生的任务。为什么一个全班、一个全校，差了四个年级呢？是因为背后的目标不一样，这就涉及老师的学科理解。四年级的时候，他所要掌握的是学生要学会全面调查，要做描述性分析；而八年级要做抽样调查，要做推断性分析，由样本推断出总体。只不过数据不是老师给的，是他自己调研得到的。在这个过程当中，有核心的任务，有核心问题，有大概念。其实最基本的大概念，在四年级的时候，就是学生要知道用画统计图、算统计量的方式，可以使数据分析更加科学、更加明确；而八年级的时候要知道，样本数据在一定程度上可以反映总体情况。

老师是这么设计的，背后是对课标的分析，对教材的分析，到了高一、高二还可以继续升级。比如高一跟八年级的任务是一样的，但是要对何种样本数据能够更准确地反映整体情况提出明确要求。而到了高二，要做相对性分析，这个任务就不可以再用了，一定要用成组的数据。

通过这个案例可以看出，在今后老师的专业发展当中，育德能力、创新能力要提升，但是一定要结合自己的学科，对学科的核心素养、育人价值有所把握。让我们共同努力，让优秀的人来培养更优秀的人。

吴子健

上海民办包玉刚实验学校校长

呼唤现代教师观

非常高兴能有这样的机会跟大家一起来研究如何培养一流的教师。2007 年 4 月，时值香港回归祖国十周年和享誉全球的世界船王包玉刚爵士九十华诞，为了纪念包玉刚爵士在中国改革开放、香港回归、发展教育等过程中做出的巨大贡献，缅怀他爱国爱港、团结凝聚海内外有影响力社会人士的家国情怀，由包玉刚爵士的长女包陪庆女士捐赠创办了一所国际化的非营利性学校——上海市民办包玉刚实验学校。自创办以来，包校力争创建“世界级的百年名校”，以“仁、义、平”为核心价值观，确立了“发展全人教育、传承中华文化、拓展国际视野”的三大使命，努力为明日中国创设世界级学府，培养学业优异、价值观正确和品格优秀的未来栋梁之材。为此包校做了“上海 + ”与“国际 + ”的创新实践。“上海 + ”课程坚持上海课程的理念、标准、方案与教材，引进、吸收、融合国际课程中符合我国教育方针的课程理念、教学内容与评价方法。“国际 + ”课程融合了上海课程和精选的国际课程，开设 IGCSE（国际普通中等教育证书）和 IBDP（国际文凭组织高中阶段）课程，同时做好中方四门课程（语文、政治、历史、地理）的教学工作。

21 世纪的教育主流是教育现代化，全世界越来越关注如何培养学生优秀的品格、正确的价值观、开阔的国际视野、出色的创造力与文化沟通能力。2019

年3月20日，习近平主席在北京会见美国哈佛大学校长巴科时提道："改革开放40年来，中国的快速发展很大程度上也得益于教育水平的提高。中国致力于推进教育现代化、建设教育强国、办好人民满意的教育。我们将扩大教育对外开放，加强同世界各国的交流互鉴，共同推动教育事业发展。在此过程中，我们愿同哈佛大学等美国教育科研机构开展更加广泛的交流合作。"习主席的这段话，第一是对我国教育事业发展与取得成就的肯定；第二是提出办好人民满意的教育的发展目标；第三是进一步强调了加快教育领域的开放进程。

据《2019中国国际学校创新实践年度报告》对基于开设国际课程的民办学校的调查发现：在问及"国际学校课程融合与开展过程中面临的挑战"时，"文化异质"与"内容把握"被大部分国际学校排在前两位。民族文化认同和国家认同问题也是国际学校中西课程融合过程中面临的巨大挑战。国际学校教师较少鼓励学生思考本土问题和讨论全球问题。在教师管理方面：优秀教师尤其是优质外籍教师数量短缺。目前大多数国际学校教师不能同时深入理解国内、国际两种课程体系，缺乏对国际教育的深入理解与研究。同时由于中外籍教师教学理念存在较大差异，在教学过程中难以深入、有效地沟通配合。国际学校教师队伍整体上年轻化，年轻教师思想较灵活，敢于尝试新的教学方式，但教学经验较少，教师稳定性差，许多国际学校缺乏学科带头人。大多数国际学校教师工作量较大，在教育研究方面能够投入的时间与精力不多，因此难以及时理解和运用新课程理念，导致在课程实施过程中，实施课程与理念课程的差距较大。

全新的现代教师观的特点，要求我们着眼于教师队伍整体素质的提高。从目前状况来看，我认为关键是要改革教师管理的评价机制与培训方法。对教师的评价应注重发展性、创新性。独一无二的学生、独一无二的教师、独一无二的学校应该是现代教师观的理论基础。要允许学校中有不同的“声音”存在，这在当前中外籍教师共同承担学校教育工作的情况下，显得更加重要。

当前，数字化、气候变化、人工智能的进步等，正促使教育的目标和方法发生根本性变革。世界各国都感受到了这些变革趋势所带来的强烈冲击。面对时代变革，个人和社会都面临着巨大的挑战。今天的学生需要什么样的知识、技能、态度和价值观，才能在未来健康成长并主动构建属于他们的世界？学校如何能有效地培养学生具备这些知识、技能、态度和价值观？

为回答这些问题，OECD 于 2015 年启动了“教育 2030：未来的教育与技能项目”。2019 年 5 月，OECD 发布《学习罗盘 2030》，将学习框架比作罗盘，旨在强调：如何利用知识、技能、态度与价值观，帮助学生实现在陌生环境中的自定航向。

为实现新的教育愿景，《学习罗盘 2030》提出了“未来教育的使命”，并提道：“教师角色应从‘讲台圣贤’转变为‘俯身指导’，教育系统不应假定教师或教科书可以解决学生在课堂上所遇到的所有问题。”

虽然我们可以在教师招聘时通过交流沟通，让教师理解并接受每所学校的教育理念、课程教材，但是在教育实践中，来自不同国家与地区的教师带来不同的教学理念、教学方法，在日常教学工作中遇到具体教学问题时，出现冲撞的情况时有发生，这种情况尤其容易发生在教龄长、经验丰富的老教师身上，因此，如何让评价能够全面、客观、公正，既注重普遍性，又关注特殊性，是必须引起我们重视的。

教育的创新应该从教师开始，传统的教育从启蒙开始总要把孩子驯化得“听话”，因此，在培养具有国际视野与创新精神的人才时，我们特别注意保护和发展孩子的好奇心、活力和灵性。同样，在对教师评价时，也应注意保护教师尤其是青年教师的特长与个性，从某种角度来说，有“棱角”的教师才更有探索欲望、批判思维和创新精神。而一个具有教育灵性和独特个性的教师，才会带出一群鲜活的、具有创造个性的学生。我们不反对用量化的指标作为评价教师的一种标准，但绝不能作为唯一的“尺子”测量人。必须承认，至少在教师创新能力与研究性教学方面，是无法用量化的方法对教师做出恰如其分的评价的。

曾经有刚从上海市重点高中转入包校的学生反映，一个外教的化学课没有把知识点讲清楚，我把情况向中学部外方校长反映后，外方校长说：“请转告这位同学，如果同学们遇到这种情况，直接在课堂上问这个教师，请他回答学生的疑问，如果能问到这位教师回答不出更好。”我说：“如果这样这位教师不会有意见吗?”外方校长笑着回答：“我了解这位教师，不会的，他只会很高兴。”

还有一次，学生在 IBDP 中文课《雷雨》课后反映：“老师在我们提出问题的时候习惯回避，不正面回答我们的问题，这样不利于我们对课程的理解。而且他又只说让我们从 IB 课程（国际预科证书课程）的理念去理解，如果我们对他制作的 PPT 有疑惑和问题，他也不正面回答，只是跟我们说：‘你们自己读文本，自己去理解。’”其实，我认为老师这一做法的目的是鼓励学生们进行独立思考、主动探索、发展创新，因为很多时候问题和结论是开放性的，并没有一个标准答案，这也是 IB 课程的理念。事实上，这位老师所任教的第一届学生就有考取美国常青藤等名校的。

科学上的许多生动的事例已经证明，创造发明往往是作为一个偶然的想法出现，并又被立即否定。因为在最初看来，既没有先例，也很难找到现成的理论支撑。必须经过较长时间的孕育，才会在顿悟与实践中得到认可，所以，学校要努力营造民主、宽松、和谐、愉悦的氛围，为形成一支具有创新精神和意识的教师培植崭新的精神土壤。

由此，改进教师校本培训的方法，建立起课程内容广博专业、而不是过分求精求细的教师职后培训的课程体系，显然是实施现代教师观的应有之义。

近代著名儿童心理学家皮亚杰八十多岁时，有学者向他询问有关发展心理学的问题："您已尽您的一生研究孩子的创造力问题，但您如何来解释您自己在科学领域的创造力呢?""哦，"皮亚杰回答，"我遵循三个原则：尽可能不去读你研究领域内的东西，尽可能广泛阅读你研究领域周边的东西，在学术上要做出被他人批评的准备。"他的话对于如何合理地设置教师职后培训的课程体系以及学术研讨，是颇有启发的。

据研究，就智力因素而言，创造型人才的基本素质主要有合理的知识结构、智能结构和良好的见识能力；就非智力因素而言，主要指创造性人格，如健康的情感、坚强的意志、强烈的动机、刚毅的性格和良好的习惯等。所以应多考虑如何培养教师的创新意识、创新观念和创新思维能力。要为教师的发展铺设阶梯，使教师在培训中可以持续发展自己，成为具有反思和创新能力的研究型教师。

根据《2019中国国际学校创新实践年度报告》显示："教师对课程实施的效果产生着重要影响，通过调研发现，提高教师素质、注重教师专业发展是国际学校办学成功的共同经验。国际学校注重运用校内外各种资源对教师进行培训，培养教师对国内和国际课程的深度理解，提高教师跨文化、跨学科教学的能力，部分学校已经形成了比较完整的教师专业发展制度，帮助国际学校教师从入职开始学习，不断成长为该领域的专业人士和带头人。"

西方有位教育学家说得好："最好的教师通常是那些思想开放、有能力并乐于在图书馆和实验室进行创造性工作的人，最好的研究工作者是那些有责任感和影响力、能鼓舞同事、能激励学生并引人注目的人。”

美国三届普利策新闻奖获得者、《纽约时报》著名专栏作者托马斯·弗里德曼考察了上海三所小学后，写了篇文章《上海的小学办得好》，他认为造就优质学校的根本原则是“下大决心对教师进行培训，使教师之间相互学习，在职业上不断发展，在学生的学习过程中提高家长的参与度，学校领导坚持以最高标准要求学校，并且营造出重视教育、尊重老师的学校文化”。

此外，开展中外教师之间的交流、搭建中外教师交流平台有利于教师开阔视野，吸取国内外优秀的教学理念，使他们成为具备国际视野和国际教育观的现代化教育人才。2014 年开始的中英数学教师交流项目至今已有 5 个年头。在交流项目中，上海中小学教师应邀在英国公立学校开展教学交流活动，给中英双方的教学课堂带来的变化让教师和学生都受益匪浅。近年来，越来越多的国家通过各种渠道借鉴上海中小学数学教育的经验，探寻上海基础教育优质、均衡发展的奥秘。在输出国外的上海模式背后，也生动体现了上海基础教育多年来以每一个学生终身发展为己任的教育本质。

2019 年 12 月，OECD 在法国巴黎总部宣布了 2018 年 PISA 的成绩。在来自 79 个国家和地区约 60 万名学生参与的测试中，由北京、上海、江苏、浙江组成的中国部分地区联合体在阅读（555）、数学（591）和科学（590）三项测试均遥遥领先。这也彰显了改革开放以来我国教育发展的巨大成就以及在打造卓越师资队伍方面成功的教育政策。由此可见，中国在基础教育领域的投入尤其是在建设一流教师队伍方面已颇见成效。

OECD 教育与技能司司长安德烈亚斯·施莱克尔也夸赞道：“中国四省市学生的卓越表现得益于中国政府的有效教育政策，利用各种途径吸引优秀的青年加入教师队伍，鼓励优秀教师或校长到最具挑战的学校，通过师资流动、委托管理和学校结对等机制实现教师资源的均衡发展。”

优秀的教育家首先应该是优秀的教师。教师必须具有研究性的教育观与能力，在这个问题上没有任何捷径可走，唯一的办法就是去观察、记录、研究、分析、归纳教育原生态的现象。而这与PYP（国际文凭组织为全球3岁到12岁学生开设的课程）教学的要求也是一致的。PYP的评价分成形成性评价和终结性评价。学校通过观察、表现评价、过程评价、选定内容的反馈测试、开放性任务等评价策略，利用评价细则、学生成果评价样本、指标清单、记录下的具体事例、连续进展记录或某些标准考试等工具进行评价。评价结果不是一个分数，而是一系列的学生在学习过程中的进展记录。这就要求教师对学生有深入的观察和了解，制订个性化的学习方案，才能最大程度上发挥学生的潜力。

我国著名的教育家孔子提出的重要教育思想“因材施教”，其基础就是对学生的充分了解。孔子说：“不患人之不己知，患不知人也。”（《论语·学而》）他认识到知人的重要，因此十分重视“知”学生，认真分析学生个性，甚至只用一个字即可准确地概括，足见其研究学生之细致认真。有一次，孔子讲完课，回到自己的书房，学生公西华给他端上一杯水。这时，子路匆匆走进来，大声向老师讨教：“先生，如果我听到一种正确的主张，可以立刻去做吗？”孔子看了子路一眼，慢条斯理地说：“总要问一下父亲和兄长吧，怎么能听到就去做呢？”子路刚出去，另一个学生冉有悄悄走到孔子面前，恭敬地问：“先生，我要是听到正确的主张应该立刻去做吗？”孔子马上回答：“对，应该立刻实行。”冉有走后，公西华奇怪地问：“先生，一样的问题你的回答怎么相反呢？”孔子笑了笑说：“冉有性格谦逊，办事犹豫不决，所以我鼓励他临事果断。但子路逞强好胜，办事不周全，所以我就劝他遇事多听取别人的意见，三思而行。”

在西方，亚里士多德也主张把天然素质、养成习惯、发展理性看作道德教育的三个源泉。而天然素质就是学生的个别差异，可见他对注重学生个性也是相当重视的。

现代社会也不乏这样的案例。人民教育家于漪曾说过："孩子在成长过程中有这样那样的梦想和追求，学习上有这样那样的需求乃至闪失，这些都应该被理解、体贴和宽容，家长和教师应该满腔热情地给予因势利导、因材施教。"在上海市杨浦高级中学至今流传着这样的故事：在于漪老师教过的一届学生中，有4人表达能力很差，乍一看似乎都有口吃的毛病。但是，经过于漪调查发现，4个人的"病因"各不相同。第一个学生是舌头稍短，口齿不清。第二个是独子，从小娇生惯养，因此语言不规范。第三个是小时候模仿口吃者说话，才逐渐口吃。第四个是思维迟钝，说话结巴。于是，她对这4个学生对症下药，因材施教，为他们制订了各自的训练计划，使他们口头表达能力都有了显著提高，有的甚至彻底摆脱了口吃。

美国著名教育家约翰·杜威则提出"以孩童为中心"的教育理念，强调从孩童的天性出发，因势利导。每个生命个体都是独立且富有灵性的，"如果我们从社会方面舍去个人的因素，我们便只剩下一个死板的没有生命力的集体"，尊重每一个生命个体的自我表达，发展他们自身所具有的禀赋，成全每个个体也就是在成就一个伟大社会。

具有师德、国际视野与创新能力的优秀教师团队就在充满阳光与希望的校园。

孙先亮

山东省青岛第二中学校长

青岛二中教育集团总校长

师者之仁，创见未来

老师最重要的品质是“仁爱”，因为教师面对的教育对象是学生，这种爱是可以传染的，是可以传播的，也是可以传承下去的。那么教师的爱在哪里，才能让我们的孩子拥有未来？我认为，一个好的中医是治未病，一个好的教师是教未来。但是“教未来”，不是你看见孩子的未来就可以，而是需要把自己打造成一个可以为孩子未来提供很好支持的师者。因此，教师的仁爱，就是要让自己成为适应未来社会发展需要以及人才培养需求的优秀教师。

一、未来教育的特点

未来是近还是远呢？未来已来。

1. 技术主导教育的时代

这是从教育外在影响的角度来看。从1997年深蓝打败人类以后，人类对很多问题的思考已经开始了，同时这件事对于教育的影响也已经开始了。今天面对互联网、大数据、人工智能等很多技术带给教育的变化，可用几个特点来描述。

开放性。全球化带来开放性。开放性以前指学校对校园外的家长开放、对社会开放。今天不只如此，是对世界的开放和极度的跨界。这样的教育环境对于怎么看待孩子和理解教育决策，应该有一些很好的启示。

互动性。因为互联网，现在成为万物互联的时代。联系是普遍存在的哲学观点，在今天更为现实。因为有了技术，任何可能都存在。学校与学校之间，教育不同的内容与方式之间，都可以真正实现没有隔阂的互动与交流。这意味着真正意义上的改变，就是世界上的每个人都是网络上的点，相互之间的融合交流皆有可能。

定制性。定制性的特点非常明显。传统的教育是我们给学生定制的学习和教育内容，但是我们不会因为适应学生而定制，是完全根据成人的意志而制定。今天我们的教育，要转换角度去思考。学生们会向老师要求进行个性化定制，提出自己所需要了解的知识和需要解决的问题。由此我们就得去适应学生。以前，可能有学生问问题，有的老师会很高兴回答，有的老师会搪塞一下。但是未来这将是普遍存在的，学生肯定会不断提出问题，以获得更好的学习效果。

实践性。有人讲，虚拟空间让我们可以不用出门，做很多事。似乎很多实验在网上就可以做。在未来，传统学校的模式可以不存在，但是实践性的活动将决定学生未来的发展程度和水平，是非常重要的支撑点。未来的学校可能没人上课了，但是学生的创新实践活动、社团实践活动等，这些能锻炼其能力和素质的活动，一定要通过平台实践。不然的话，人们在虚拟空间中根本找不到真实的自我，也无法锻造出自己的能力。

2. 教育超越了传统思维的时代

从教育的自身影响来看，技术带给教育的改变还未显现，但是教育自身的改变却真实地发生。

首先，量子思维告诉我们，世界充满了不确定性，是混沌、模糊的状态。以前，很了解学生被认为是高明的老师。今天别人会说，这其实是根本不了解学生的表现。

学生没有办法把最真实的自己表达出来，他们在此时的表现和彼时的表现是不同的，所以我们无法准确判断一个学生，特别是在互联网与信息化的时代，每个学生的内心更加复杂，教师根本无法真实全面地了解他们。

其次，学生的自主发展成为可能。真正的素质教育是个性发展的教育，离开了个性与差异性，独立的生命个体将不复存在。大家也许不信，但这是事实。因为每个人极具个性，这种个性决定了我们的存在状态是不一样的，也决定了对世界贡献上的差异。而且随着时代的发展，每个人要成就自己，要更好地发展，必须靠个性的东西，它决定了一个人的发展方向、宽度和高度。

有人觉得学生是一张白纸（或白板），因而教师认为想施加什么影响、想在其身上做什么都可以。但事实上，我们这样做的效果并不好，并没有让教师的设计和期望在学生身上产生相应正面的影响。我们忽视了什么呢？北京四中原校长刘长铭先生说，他办了一所学校，小学一年级的学生用一年的时间，识得了两千多个汉字，也许无法想象，但是他做到了。

斯坦福大学蒋里教授提到了，小学三年级就可以理解物理学中牛顿第一定律的知识，只是要改变教育方式而已。能还是不能，诸位很清楚，但我们往往不愿意承认，因为觉得老师是强大的，老师拥有知识的霸权。所以自主发展是这个时代必须赋予学生的权利，因为人都具有主观能动性。

再次，学生的需要决定教育的存在状态。这一点也是这个时代不可回避的问题。当然当学生提出自己发展需要的时候，不管是个性发展的需要，还是如组建社团、搞课题研究、参与社会实践、创新体育与艺术活动，这都构成了一所学校的样态。讲学校特色不是指一两个项目，而是让学生有一种方向，并且可以提炼成理念、精神、文化的东西，才可以称之为特色。

最后，熵减决定了生命的活力。世界上一切事物都有一个从有序到无序的状态，有序到无序是熵增，熵增是一种无效能量的增加，要剔除这些无效能量，就是熵减。今天学校给学生的课业负担太重了，学生真正的活力在熵减。减掉课业负担，以及那些学生不喜欢做的事情，把学生的活力充分激发出来，这是科学给教育的一种启迪，这也是哲学的一种思维方式。

二、教师未来角色的定位

1. 挑战不可避免

教学的理念和方式要发生改变。人工智能要教会学生各种知识，将会是一件比较简单的事情。一个老师如果还是像以前传统的灌输方式那样，从头讲到尾，只是让学生很疲惫地听课，没有机会进行自主的学习和思考，这种方式已经落伍了。学生的学习主体地位、以学习者为中心的理念，一定要真正地确立起来。

以前的教学资源非常有限，所以现在很多机构在做教学资源，但这些资源将来一定是无限的。在未来，如果我们可以敞开大门，任何一个国家的最好学校的资源都可以为我们所用。整个世界就是你的资源库，而不仅限于一所学校、一个地区，甚至一个国家。

以前离开教室，教学活动无法进行，如今却大不相同。青岛二中推进了四年的互联网＋教学，即使老师在美国参加培训，也可以指导学生在学校学习。到了周末的时候，学生在家里学习，老师依然可以通过移动终端回答学生的问题，给学生进行指导。学生到上海、北京甚至国外参加科技创新比赛的时候，老师同样可以与学生进行交流。可以说，教学的时空发生了很大的变化，不是一定要在某个固定时间段、某个固定的场所，而是随时随地可以进行学习交流。

未来学生将是教学的主导者，因为学生学习的需要决定了老师教什么、怎么教，而不是教老师认为的重点。教师认为的重点，今天学生很可能通过自己的学习解决。教师认为不是重点的知识，在学生那里可能是个问题，因为时代在改变。学生获得信息的广度和深度是教师没有办法完全了解的。

2016年，美国佐治亚理工学院推荐的一名优秀的助理教师，揭开面纱之后是一个机器人。将来家庭里都可以请一个人工智能机器人为孩子当指导教师。这种情况会大量存在，已经不是稀奇的事情了，斯坦福大学的蒋里教授也谈到了这个问题。所以，只会简单、重复、机械的训练教师，一定会被人工智能取代。

2. 教师角色内涵的重塑

教师必须让自己成为创客，才能不被替代。创造什么？创造课程，创造指导学生个性发展的资源，并且不断发展与提升自身素质。要继续承担教师的角色，应当有以下几个方面的改变。

要成为学生人生的规划师。每个学生都是独特的存在，未来发展需要有更加专业的人给他们进行精准的发展指导，需要持续进行帮助，这需要有高水平的规划师的指导。人工智能将无法胜任这项工作。

要成为教育理念的创造者。面对未来的教育，传统教育理念已经不适应了，这就需要创新教育理念。好的教学方法和教育理念用来指导学生高效率和高质量地学习，使其真正获得一个非常优秀的成绩，这样的老师价值巨大。这样的教育理念和方式的创新，会立即被学生认同和接受。

要成为学生发展的激发者。今天的教育更多是由外而内地去管控、灌输，但一定要转变思维，由内而外地激发学生。我们只有走入学生内心，才能更多地从他们的需要出发去解决问题，才能让学生去理解学校的教育。所以教师一定要变成一个最好的激发者，而不是外部的灌输者。

要成为学生发展资源的创造者。未来的学习方式和知识的测试方式，可能真的不需要教师了。但是学生的独特性和差异化要求，却需要教师进行个性化的指导。可以说，学生的个性发展需要教师的创造与创新，需要每个老师提供独特的支持。所以有独特才智的教师，才能成为学生未来发展重要的财富和资源。

三、为未来做好今天的准备

1. 未来学校的基本样态

学校平台化。学校像平台一样，提供多样化的课程体系、丰富的实践活动、社团活动和研究资源，等等。每位学生可以在上面找到自己特别感兴趣的发展方向和资源。这样的平台可以让学生更好地寻找自己未来的方向，为学生提供发展的资源支持。

教师创客化。创客是一个非常重要的教师角色定位，不断创新才能让教师拥有引领学生未来发展的资格。不管人工智能发展到什么水平，不管人工智能的学习能力多么强大，也不可能进行真正意义上的创新。阿尔法狗可以打败李世石，这不是阿尔法狗比人更聪明，而是因为人的计算速度很难超过机器，如果有真正的创新，人依然有很大的胜算。

学生个性化。一所学校在未来要把两件事解决好：一是学生高效率地掌握知识，这是重在学习与思维能力的培养；二是发展好学生的个性化，因为这是学校的活力所在。

2. 未雨绸缪，锻造未来教师

未来教师应具备哪些能力呢?

具有复合能力的教师。一名教师只有具有多种专业的能力和素质，才能让自己适应未来将要面对的各种挑战。

具有创新创业精神和品质的教师。教师的职业体验需要激情与热情，要有创新创业的品质，才能保持对事业的信念和追求。

具有实践能力的教师。未来传授知识将不是教师的主要职责和任务，把学生引导和带入实践当中解决实际问题具有非凡的意义。学生提出问题、分析问题、解决问题的能力变得更加重要。

具有独特才华的教师。学生发展需要教师的支持，每个教师都具有自己专业之外的独特才能，而且一个具有独特才能的教师能够得到学生的尊重和爱戴。

具有领导能力的教师。未来的教师要能够很好地策划和组织学生的学习，比如项目式学习。教师应当具备领导能力，领导和组织学生开展基于实践和现实的学习与发展活动。

熟练运用现代信息技术的教师。教师不仅要熟练运用现代信息技术，更要懂得一些基本的编程知识，才能更好地对教育进行深度的实践，与学生进行充分的交流。

最后有两句话与大家共勉："教育，改变是唯一不变的事情。"我们要不断通过改变，解决今天教育所面临的问题。"君子之治也，始于不足见，终于不可及。"有远见的人，从别人看不见的微小之处开始改变，而最终达到别人难以追赶的水平。所以，教育一定要变革，而且从大处着眼，小处着手，才能取得成效。

分论坛三　未来学校：科技如何改变教育生态

张志勇

中国教育三十人论坛学术委员会委员

中国教育学会副会长

北京师范大学教授

山东省教育厅原巡视员

智能时代学校教育变革的路径

人类社会经过三百多年的科技革命和工业革命，正在进入第四次科技革命和工业革命时代。17 世纪蒸汽机革命推动人类社会进入了自动化时代，19 世纪电力革命推动人类社会进入了电动化时代，20 世纪上半叶的计算机革命推动人类社会进入了信息化时代。

现在，人类社会正在进入第四次技术革命，就是以所谓的互联网、云计算、大数据、物联网、AI 技术驱动的技术革命。这次技术革命，将推动人类社会进入智能化时代。智能化将全面影响人类社会的生产、生活方式。基于这样的判断，人类社会的教育，特别是学校教育将会发生什么样的变化？我个人对于技术对学校教育的影响，可以说是一位积极的客观现实主义者。我不认为人工智能时代人类社会的教育将发生颠覆性的变化，但人工智能时代人类社会的学校教育将会发生深刻的变革，这一点是毋庸置疑的。在人工智能时代，学校教育将如何变革，走向何处？变革的特点或者趋势是什么？我把它概括为十个方面：

一、教育的人文性：更加重视教育的人文价值

人类社会的每一次科学技术革命到来的时候，人们几乎都会提出传统的学

校教育会不会被取代，或者说，传统的学校教育会不会消亡这类问题。面对人工智能时代对学校教育的挑战，不少人再次提出这样的问题：未来学校教育是不是还存在？教师的职业会不会被人工智能机器人取代？回答这个问题，必须回到教育的本源，即教育的本质来探讨。

教育的本质是什么？人文性是教育的本质属性。人是社会化的动物，儿童的学习离不开师生的互动、生生的互动。脑科学家认为：只有最基本的人际沟通才能营造最自然的学习状态。该结论得到了各个领域的实证支持。智能光靠冷冰冰的、没有生命的机器是培养不出来的，只有在温暖和充满关爱的土壤中，孩子的智力才会萌芽。这说明从根本上说，教育是不可能离开人际交往环境而独立存在的，或者说真正的教育不可能完全在人机对话环境中实现，至多是人类个体的自主学习。而自习不等于教育，更不能等同于学校教育。

在人工智能时代，人类社会将更加重视教育的人文价值。2019 年 10 月 12 日，“明远教育奖”颁奖活动在北京师范大学英东教育会堂举行。外国教育家贡献奖颁发给了两位学者，一位是多元智能理论的创始人、美国哈佛大学的霍华德·加德纳教授，一位是《静悄悄的革命》一书的作者、日本东京大学佐藤学教授。加德纳教授因故未能到会，他在视频讲话中谈道：“我是研究多元智能理论的，但是我现在关心的问题是人的智能如何驾驭的问题。”他说，在德国有两个语言天赋极强的人：一是歌德，他用自己天才的语言写出了伟大的诗篇；一是纳粹分子戈贝尔，他用自己天才的语言去播撒仇恨的种子。

同时，必须承认，机器正在赤裸裸地与人类自身争夺情感。人类正在日益沉浸在自己制造的以智能终端为依托的虚拟世界里，与现实世界的脱离与隔阂日益严重。科幻作家、雨果奖得主郝景芳认为在未来，人的独特性会体现出价值来：思考、创造、沟通、情感交流；人与自然的依恋、归属感和协作精神；好奇、热情、志同道合的驱动力。人和机器人最大的差别和竞争力根本不是计算能力和文书处理能力，而是人的综合感悟和对世界的想象力。李开复先生认为：只有人的精神个性，才是人工智能时代里人类的真正价值。因此，在人工智能时代，教育的人文性更加凸显，人类教育的哲学应该做出重大调整，掌握知识不再是人类教育的目的，而是人类教育的手段和工具，知识中心的教育将让位于人的情感、创新和价值观。善是人类最高的学问，是人类教育的终极价值。或许可以说，在人工智能时代，人类匮乏的不再是征服世界和改造世界的能力，而是人的心理、情感和德行的培养。

二、教育的全域性：教育的边界正在消减与重构

2015 年 5 月 22 日，习近平总书记在致国际教育信息化大会的贺信中指出："当今世界，科技进步日新月异，互联网、云计算、大数据等现代信息技术深刻改变着人类的思维、生产、生活、学习方式，深刻展示了世界发展的前景。因应信息技术的发展，推动教育变革和创新，构建网络化、数字化、个性化、终身化的教育体系，建设'人人皆学、处处能学、时时可学'的学习型社会，培养大批创新人才，是人类共同面临的重大课题。"

随着人类社会"人人皆学、处处能学、时时可学"时代的到来，人类社会学校教育的全域性特征越来越明显，学校教育、家庭教育、社会教育的边界正在解构，学校教育的形态将发生深刻的变革。教育并不只是发生在学校教育时空里。学校教育正在迎来一个全域教育时代，今天的学校教育是在四个轨道上

跑着同一辆车，四个轨道即学校教育、家庭教育、社会教育、网络教育，施加的教育影响指向的都是孩子，都在向着一个孩子用力，都在以自己的方式影响着孩子的学习、成长与进步。因此，今天每个学生几乎都在家庭教育、社会教育、学校教育、网络教育四个轨道上同时奔跑。在这种背景下，学校教育面临的重大挑战是：全域教育时代学校教育如何重构？教育的四个轨道如何并轨？第一，学校的线下教育与线上网络教育如何融合？第二，学校教育与家庭教育如何协同？第三，学校教育与校外教育如何衔接？第四，学校教育与社区教育如何共治？我们不能让孩子在四个轨道上不知所措，学校教育进行重新整合的重构时代到来了。

三、教育的集智性：从封闭的教师个体教学走向开放集智化教学

诺贝尔物理学奖得主斯蒂芬·温伯格曾经说过，在知识网络化之后，房间里面最聪明的绝对不是站在讲台前给你上课的老师，而是所有人加起来的智慧。

人类社会生产力的进步与提高，与科学技术进步推动下的人类生产力的分工协作密切相关。这启示我们，未来教育可以借助人工智能手段，重构人类教育的人力资源配置方式，实现从传统的教师个体教学向集智化教学转型，即将教育从过去封闭的、与传统的农业生产方式相适应的个体化教育教学方式，转向开放的集智化教学时代：一是实行首席学科教师课程负责制，推动教师的教学从教师个体教学走向协同教学。即由首席教师负责学科课程的设计、开发，学科团队每位老师都是课程设计和开发的参与者，但由首席教师主导学校的课程改革、课程建设、课程设置，包括教学方案的设计。在人工智能时代，首席

教师负责制下的学科教学将更加突出团队教学优势，凸显集智化教学思想。二是由校内教师的封闭配置走向校内外开放协作教学，改变传统学校一味追求配齐、配足教师的做法，采取课程服务外包的方式，大胆引进校外高水平的专业课程资源，在教师配置方面实现由“养人”向“养课”的转变。在人工智能时代，这将成为学校人力资源配置的新常态。三是加强虚拟教学团队建设。学校可支持优秀教师跨学校、跨区域建立学科教研共同体。四是探索学校间“1＋1协同教学”。为推动城乡教育均衡发展，可组建城乡学校教研与教学共同体，实施城镇学校与乡村学校同学科教师共同备课，城镇学校先行上课，乡村学校将其资源进行二次开发，然后再由乡村学校教师为乡村学校学生上课。

四、教育的自组织性：从班级授课制走向学习共同体

从组织的进化形式来看，可以分为两类：他组织和自组织。如果一个系统靠外部指令而形成组织，就是他组织；如果系统按照相互默契的某种规则，各尽其责而又协调地自动形成有序结构，就是自组织。自组织现象无论在自然界还是在人类社会中都普遍存在。

在人工智能时代，教育的自组织特性将日益凸显，自组织性将成为未来学校教育的重要特征。学校要加强自组织建设，推进学校教学组织细胞的转型，从传统的知识传授教学型组织向学习型组织转变。具体讲，要加快三大共同体建设：一是改造传统班级，加强新班级建设，把传统教室改造为教学共同体。三百多年前，伴随着第一次工业革命的到来，为了有效传递知识，人类创造了班级授课制。在人工智能时代，需要对传统的教室进行重建，把教室这一服务

于教师讲授知识的教学型组织，转变为自组织的学习型组织。二是改造学生社团，建设学习共同体，改造提升学生社团活动，促进学生自组织学习。三是改造教研组，把传统的单一的学科教研组，建设为教师专业发展共同体。

五、教育的个别化：课程供给的“个人定制”

适应知识传授和考试升学的需要，传统的学校教育是同质化的，这一同质化特征是通过六个机制来实现的，即统一的课程、教材、备课、作业、考试和评价。这种统一的教育教学方式是通过传统的班级授课制实现的，就像工业生产的流水线一样，人们经过严格的筛选把不同的学生送入不同的班级，按照不同的教学难度组织教学。这种同质化教学是服务传统的升学考试的，是为应试教育服务的。当人类教育跨入人工智能时代，教育的本质从传统的升学教育转向育人为本的时候，即从“育分”教育转向“育人”的时候，教育的逻辑将发生重大转型，未来教育将更加强调人的主体性、个性化、差别化，教育的根本任务将从知识本位教育转向人的核心素养的培育，过去那种同质化的教育再也无法适应站在你面前的一个个独特的生命。所以人工智能时代的教育价值追求，已经无法靠传统的同质化教育来实现了。

未来课程供给方式的变革方向是“去同质化”。未来课程的供给从学生围绕着学校转，到学校围绕着学生的需求来配置资源。课程供给的方式也从单一的“统一批发”向“个人定制”转变。但我们这里讲的所谓转型，并不是完全否定学校教育开设的必修课程，而是要对过去单一的必修课程结构进行解构，建构必修与选修相统一的学科课程。

教师职业将发生重大的变革，教师在未来的定制化课程时代，首先要分析学生学习的独特性、发展的独特性，才能够供给学生所需要的课程。在这样的时代背景之下，教师的专业定位会发生重大变化，教师应该是学生学习活动的设计师和课程资源的供给者。

六、教育的综合化：课程组织从分科走向综合

日本东京大学教授佐藤学先生在《教育方法学》中说过，课程内容基于两个逻辑：一个是以学科为单位编制，另一个是以特定主题（课题）为中心综合地组织多学科内容来编制。以“学科”为单位的学习和以“主题（课题）”为中心的学习的差异，就是以文化领域为基础的学习与以现实问题为对象的学习间的差异，这两者建构课程的逻辑是不同的。

我们现在学科逻辑过于强大，活动逻辑、主题逻辑过于微小，或者说微不足道。今天，无论是美国的 STEAM 课程、跨学科学习、项目学习，还是芬兰的现象教学，都意味着课程逻辑的转型，即走向课程的活动逻辑。在人工智能时代，人类教育的价值转型后，课程供给的组织形态要变化，课程组织的逻辑将从分科走向综合，呈现出“去学科化”的趋势，改革的方向就是要增加主题化、跨学科、生活化的课程。未来学校每个学科的课程结构都是双轨的，即“学科课程 + 学科实践课程”。课程组织的形态“去学科化”，并不是要否定学科化，而是在课程结构中要增加主题化教学、跨学科教学和生活化教学。

七、发展平台化：为每个孩子发展提供尝试错误的机会

人类对教育一直有一个梦想，就是因材施教，追求个性化教育。顺天性而为之，是人类教育的最高境界。问题在于因“何材”而教，追“何性”而育？事实上，人类教育正面临两大挑战：一是人的潜能埋得很深，很难预测；二是人的未来，在这个变动不居的世界里，很难预测。正是基于这两个测不准原理，世界上先进国家的教育都在追求一个做法，即选课制。由学校提供大量的可供选择的课程或资源，由学生根据自己的学情、个性、兴趣去选择。或许可以说，学生的潜能或个性发展方向，不是由学校教师发现的，而是由学生自身在尝试错误中发现的。在这个过程中，学校的责任和使命就是提供大量的可供学生选择的课程资源，由学生通过选择和尝试去发现适合自己的学习领域或发展方向。

这启示我们，在人类日益追求个性化、差别化教育的人工智能时代，学校教育在为学生提供人类社会的经典知识课程的同时，应该为学生的发展提供更多的探索——尝试课程，我把这一改革方向称为学生发展的平台化趋势。学生发展的平台是什么？平台是组织，平台是社团，平台是实验室，平台是社会大课堂……我之所以赞赏青岛二中的课程教学改革，其重要原因之一，就是他们为学生提供了大量的平台化课程，特别是可供学生探索的几十个实验室。平台化课程的意义在于：不是学校老师规定好了学生要走哪条道路，而是学校教师提供了大量可走的路，由学生自己在尝试探索中找到适合自己的路。在这里，个性化教育之路的大门，不是由教师为学生打开的，而是由学生自身主动寻找到与自己匹配的学习方式、发展方向的。这就是未来教育的平台化。

八、教育的建构化：课程实施应从身心分离到身心合一

传统学校的教育特征是：知识中心、讲解接受、大量训练。由于长期强调知识的讲解与接受，在这种学习过程中，儿童使用的学习器官主要是大脑的内隐活动，儿童在学习过程中常常处于身心分离状态，在这种知行分离的过程中，儿童的悟性被压抑，创造性被抹杀。正因为如此，哲学家罗素认为，人生下来的时候只是无知，但并不是愚蠢，愚蠢是由后来的教育造成的。

人工智能时代的教育呈现出“去训练化”的趋势。清华大学管理学院钱颖一教授指出：人工智能就是通过机器进行深度学习来工作，而这种学习过程就是大量地识别和记忆已有知识的积累。这样的话，它可以替代甚至超越那些通过死记硬背、大量做题而掌握知识的人脑。而死记硬背、大量做题正是我们目前培养学生的通常做法。所以，一个很可能发生的情况是，未来的人工智能会让我们现行教育制度下培养学生的优势荡然无存。

美国哈佛大学医学博士、加州大学洛杉矶分校精神病学临床教授、著名积极心理学家丹尼尔·西格尔说过：“我认为‘心智’包含且根植于我们的社会关系中。基于这个理由，我们需要超越头骨范围内的大脑，要面向包含大脑的整个身体。……大脑的发育仅仅是儿童成长的一部分，基于我们对青少年发展的了解，有时，很多身体的变化、社交世界的变化也会以某种方式推动大脑的发育。大脑、人际关系和心智，它们其实是一体的。”心理学的新发现显示，知识储存于人类的身心体验之中。清华大学彭凯平教授说，伟大的知识永远是和身心体验联系在一起的。让学生的学习回到具体的情境中去，在身心统一的活动中进行建构性学习，这是未来学校学生学习的必然方式。

让学生在知识的创新和发现中重新建构知识体系，这是我国教育改革面临的最大挑战。我们希望通过学生知识加工方式的变革促进学生的自主建构学习。要打破目前学生的知识加工仅仅围绕教材和教辅转的局面，促进学生进行基于教材的开放式知识加工，让学生在开放性的知识学习中，实现知识的整合、重构，进而发现新的知识，建构新的知识体系。这里强调六种知识加工方式，即基于教材的开放式知识加工、跨学科知识加工、基于学生自身生活经历的知识加工、知识的应用性加工、知识的设计与生产性加工、知识的创新性加工。

九、教育的智能化：走进人机协同时代

在互联网时代，教学技术变革真正的意义是促进人类教育教学活动的智能化，从这个意义来讲，未来学校的形态会呈现出“去人工化”的现象。这里的“去人工化”是指学校教育将实现人与机器的分工和协作。该交给机器的交给机器，该让机器辅助的就让机器辅助。让教师在讲台上发挥创造性，教育将进入人机协同时代。

人机协同需要重建人机关系。“人＋机器”意味着人工智能技术在教育的应用，这种融合式教育需要重构人和机器的关系。李开复先生认为，今天的人工智能技术正在彻底改变人类对机器行为的认知，重建人类与机器之间的相互协作关系。机器带给人类的不是失业，而是更大的自由与更加个性化的人生体验。未来是一个人类和机器共存，协作完成各类工作的全新时代。只有用开放的心态，创造性地迎接人工智能与人类协同工作的新境界，才能真正成为未来的主人。什么是好的人机融合教育？笔者近年来一直提四个观念：技术简便、

省时省力、人机友好、优质高效。

教育的智能化应遵循五条教育伦理原则：促进教育公平、维护教育正义、不伤害儿童发展、不奴役儿童发展、解放教师和学生。人们在教育中应用大数据分析学情的时候，眼中不能只有数据而没有人，人是数据的灵魂。在深圳第二届世界教育前沿峰会期间，有一位校长谈到智能教学评价系统直接批改学生作业或试卷，教师可以便捷地分析每个学生的成绩和完成作业或试卷的时间。在这里我发现一个问题，就是同样的成绩，比方说 92 分，可是学生完成作业或试卷的时间，最快的只用了 11 分钟，而最长的却用了 36 分钟。教师们如何看待这些数据？看到成绩的同时，能否看到分数背后的人？而这个人是整体的、独一无二的。具体讲，能否看到每个孩子的学习习惯、学习兴趣、优势学科？对学生的学情需不需要全学科会诊？如此，我们可能就不会苛求学生每个学科都追求高分，因为每个学生的优势学科往往是不同的。这个案例告诉我们，技术本身是冰冷的，而人是有情感、有个性、有差别的，必须从育人的角度对待技术对教育的支撑作用，而不是一味地从功利的角度应用技术服务于应试教育。

十、教育的合作治理：从传统管理走向现代化治理

由于智能化时代教育的全域性日益凸显，参与教育的主体呈现出多元化特征。传统教育的管理是一种自上而下的科层制管理，管理者与被管理者之间大多具有一种天然的“对抗性”。

未来的教育治理要遵循教育和谐共生的原理，追求教育的多元合作治理，包括社区、家长、教师、学生如何有效地参与学校教育的共治、共享、共建。

传统学校管理的突出特征是“行政化”“科层化”“单一化”。“去行政化”“去科层化”“去单一化”，将成为未来学校教育治理形态变革的必由之路。一是重构现代教育治理机制，从传统的科层制管理走向扁平化管理。二是重构现代教育治理主体，从传统的单一行政人员管理走向多元合作治理。三是重构现代教育治理工具，从传统的单一行政治理走向多元专业治理。

曹培杰

中国教育科学研究院副研究员

未来学校的追问与试答

非常高兴和大家交流，既然谈未来学校，我们首先要弄明白到底什么是学校。有人讲，学校是学生学习的地方；有人讲，学校是学生寻找同伴的地方；有人讲，学校是教育者有计划、有组织地对受教育者进行系统性教育活动的组织机构。我今天想和大家分享一个观点：学校是一门时代学，每一个时代的学校都带着那个时代的特征。

古代的学校带有浓厚的家族或家庭色彩。中国最早的学校称之为庠序之学，出现在夏商时期，教育的对象主要是贵族子弟，学习内容以文武、礼仪和乐舞为主，教师大多由政府官员、乐师或者巫师担任，目的就是为统治阶级培养合格人才。到西周时期，学校逐渐形成了比较完备的教育制度，建立了政教合一的官学体系，在人员、内容、形式上都有严格的规定，学校成为相对独立的组织机构，代表官方组织开展各种形式的教育活动。春秋战国时期，"学在官府"的局面被打破，私学开始出现，除孔子之外，还有老子、墨子等人创办的私学，涌现出许多学派，号称"九流十家"。随后，以传承儒家思想为核心，在家庭、宗族或乡村内部逐渐兴起了私塾教育，私塾成为儿童接受教育的主要途径。

19 世纪中后期，人类开启了宏大的工业化和城市化进程，工业社会的生产方式改变了家庭组织结构，家庭的生产和教育功能被强制性地外移和社会化。

1851年，第一部强制就学法颁布实施，孩子们开始走出家庭，走进学校。现代学校以其特有的集约化、标准化组织优势和专业高效的运行模式登上历史舞台。随着工业社会的不断深化，学校逐渐走向高度的标准化和统一化，强调通过规模扩张追求最大效益，所有学生按年龄进行分班、使用统一的教材、采用规范的教学流程、定期开展考试，达到标准的学生升入更高年级，并以此往复、循环不止。今天，我们熟悉的班级授课、学业制度、管理方式等都带有明显的工业时代烙印。现代学校制度尽管难以照顾个性，却为人类社会从农业时代进入工业时代提供了重要的人力资源，切合了时代发展的需求。但是，当人类社会逐渐进入人工智能时代，现代学校的组织优势正在退化，而劣势愈加凸显，尤其是把不一样的学生拉向同样的教育体系中加以培养，造成了千校一面、千人一面。人们逐渐意识到，现行教育体系无法满足个性化、多样化、复杂化的学习需求，“规模化”与“个性化”的矛盾越来越突出，时代发展迫切需要对学校教育进行一场结构性变革。

2007年，哈佛大学两位经济学家回顾美国教育发展历程发现，20世纪80年代以前，美国教育发展迅猛，在全球率先实现高中教育普及和高等教育大众化，教育进步为经济增长提供了充足的高素质劳动力，适应了技术变革带来的职业结构调整，进而整体提高了国民收入水平并缩小了贫富差距。然而，大约自1980年起，情况出现逆转。技术进步依旧，社会对高素质劳动力的需求也在增长，但美国教育却无法生产出足够的人才。随着教育增速的放缓，人群出现分化：一部分人受过良好教育，毕业后进入高端行业，收入迅速提升；另一部分人接受着过时的教育，技能适应性不强，再加上以计算机为代表的现代科技取代了大量的简单劳动力，他们不得不从事那些尚未被技术替代的低端行业，导致贫富差距快速拉大，制约了经济的进一步增长。这种现象被形象地称为“教育和技术的赛跑”，当教育的发展速度超过技术时，就会给经济增长带来明显的人力资源红利，推动经济社会健康发展，反之，则会导致经济社会发展失衡。当前，以人工智能为代表的技术创新进入一个前所未有的活跃期，而教育仍未摆脱“工业化”的印记，以至于有人认为：“我们把机器制造得越来越像人，却把人培养得越来越像机器。”所以，我们要有一种时代紧迫感，全面深化教育改革，推动学校改革和教育转型，为经济社会发展提供强有力支撑。

尽管“人工智能+教育”带有明显的技术性，但其本质不是“工业”，而是“农业”。技术进入教育绝不是要塑造一个统一的、标准化的教学流程，而是通过优化教育资源配置，让教育变得更有智慧。前段时间，有学校给学生发了一个类似“紧箍咒”一样的东西，戴上之后就可以知道学生是否专注听讲。我觉得这种做法不能称之为“人工智能+教育”。新技术应用不是为了监控，而是为了读懂学生，发现规律，了解学生的学习风格、认知特征，对学习中出现的学习困难进行诊断，从而为每一个学生提供适合的教育。如果把学生视为机器，利用人工智能技术来监控学生的一举一动，其结果必然是把学生培养成了机器，而非创新人才。

近年来，教育领域出现了一些新的学校形态。一是没有教室的学校。瑞典的Vittra Telefonplan学校位于瑞典的斯德哥尔摩，是一所私立学校。在这所学校，整个校园都采用创新的空间设计，传统的教室变成了各种开放式学习空间，如非正式学习区、休闲区、探究区以及各种功能区等。这所学校把工厂车间式的教室，改造成“水吧”“营地”“实验室”“洞穴”等新型学习空间，把不同年龄的学生放在同一个小组中进行学习、游戏和生活，提供给学生全新的浸入式体验，帮助他们开展个性化的深层次学习。二是不分科的学校。美国的 High Tech High School 没有分门别类的科目，也没有上下课铃声，甚至没有考试，学生每天都忙于完成自主选择的项目任务，许多学生为了一年一度的校园展示节而废寝忘食。学校对传统课程体系进行了大刀阔斧的改革，取消了严格的分科教学，更多以跨学科方式建设课程，开发出 245 个主题项目，比如复耕城市、虚拟楼梯、海湾治理等。于是，在这所学校，坐着不动的课堂很少见，更多是学生对未知世界的主动探索，他们在学习过程中需要自主设定目标、组建团队、安排流程并解决各种问题。常见的学习场景是：学生对着电脑认真研讨他们的多媒体项目、学生拿着钻头和锯齿有模有样地制作桥梁模型、学生围在一起测试着机器人等。三是一人一张课程表。北京十一学校开展选课走班制，为全校 4000 多名学生创立了 265 门学科课程、30 门综合实践课程、75 个职业考察课程、272 个社团、60 个学生管理岗位，供学生选择。在这些课程中，除了少数的必修课外，其余大部分是选修课程，所有课程排入每周 35 课时的正式课表，学生不仅可以选择课程，还可以选择上课时段，真正做到自主选择，一人一张课程表。美国的 Alt School 利用大数据技术收集学生学习的全过程记录，分析学生所处的学习状态，帮助教师快速响应学生的学习需求。无论学生处于何种状态，都会定制一个最适合他的学习计划，让他们能按照自己的进度进行学习，从而实现个性化学习。

在此基础上，我有一个判断：未来学校将从“批量生产”模式走向“私人定制”模式，学生可以用他们最喜欢、最适合、最有效的方式进行学习，每一个学生都能享受到量身定制的教育服务。

未来学校包括三个部分：一是学习场景相互融通，利用信息技术打破校园的围墙，把社会中一切有利的教育资源引入学校，学校的课程内容得到极大拓展，学生线上线下混合学习，整个世界都变成学生学习的平台；二是学习方式灵活多元，把知识学习与社会实践、社区服务、参观考察、研学旅行等结合起来，正式学习与非正式学习融为一体；三是学校组织富有弹性，鼓励学生自主管理，增加家长和社区在学校决策中的参与度，根据学生的能力而非年龄来组织学习，利用大数据技术让学习支持和校务管理变得更加智慧，让学生站在教育的正中央。

张又伟

教育部教育装备研究与发展中心负责人

教育装备：推进教育现代化的关键要素

教育装备是综合运用相关理论和科技手段，为学校有效开展教学活动、进行教学管理而创设的，由工具、装置、仪器、设备、设施以及配套资源有机组成的育人系统。装备工作则是相应的与教育装备的建设、规划、研发、配备、管理、应用、绩效评价等相关的政策理论和实践。说到这儿，大家可能会觉得教育装备没有那么重要吧，更谈不上是推进教育现代化的关键要素。

我先提个问题，大家不妨想一想，大家脑海里熟悉的校园，如果没有教育装备，这样的校园是个什么样子？那个场景看起来不可思议，宛如一场教育现代化的灾难，也可能是人类社会文明的倒退。孔子教学的时候谈“六艺”，学射总得有弓，总得有箭，几千年前开展教育就不能没有教育装备。

新中国成立之初，国家积贫积弱，一个泥屋子，里面有一群泥孩子，那时候教育何其薄弱，但是我们在陕北的山沟里走出了中国的马克思主义。现在换位来想，现在的山沟里能不能走出一位诺贝尔奖的获得者，他们具体的差异是在哪儿呢？从新中国成立到改革开放，国家发生了翻天覆地的变化。进入了新时代，习总书记也对于培养什么人、怎么培养人、为谁培养人提出了一系列新观念、新理念、新创建。我想这都为我们开展或者推进好教育装备工作提供了基本的理论。

一、教育装备的发展定位

劳动工具是生产力发展水平的重要标志，用古人的话说“工欲善其事，必先利其器”。今天论坛的主题是科技发展与教育变革，我想科技本身不是悬浮在校园里面的，科技本身不管人类社会发展到多远，还是需要有驾驭科技的能力。教育装备是科技在校园理念化、思想化、技术化的载体，同时现代科技也为教育装备插上了翅膀，赋能了智慧，拓展了空间。

总而言之，我们想贯彻党的教育方针，形成更高水平的育人体系，离不开教育装备的关键支撑作用。作为教育方针和教育理念的载体，科技是推进教育现代化的物质基础和关键要素；作为我们基本的办学条件，科技是为我们实施公平而有质量教育的重要内容和关键手段。

二、教育装备的价值取向

教育装备作为党和国家育人体系的重要组成部分，具有鲜明的价值取向。

1. 坚持正确方向。将习近平新时代中国特色社会主义思想作为指导，将总书记强调的教材建设“一个坚持”“五个体现”作为基本遵循，无论是课程的装备化还是装备的课程化，在方向的引领上是一致的。

2. 坚持教育规律。就是“五育并举”“六个下功夫”，还要加强与校园文化、育人环境、课程教材、实践活动有机结合，遵循学生的认知规律、发展规律和教育教学管理规律。关键是要蕴含思想方法，在这方面可以发挥教育装备促进支撑、重构教学的重要作用。

3. 坚持继承发展。几千年前老祖宗已经创造发明了教育装备，我们的装备也要体现中国的特色。社会发展了，科技进步了，但是我们拥有的还是很多比较传统的教育装备。

我们要转化科技文化创新的成果，为我们的教师教学专业发展服务，为激发学生的好奇心、想象力、求知欲服务，培养学生创新的思维、实践的能力，把学生培养成能够担当民族复兴大任的时代新人。

4. 坚持融合创新，打通政产学研用。程介明校长也强调，科技与教育之间、产业与教育之间怎么来打通、谁来当红娘？我们要在这个问题上努力探索。现在在装备中心的指导下建成了一批教育装备的产业城，这个产业城不仅仅是产品的生产，它包括整个理念的更新，包括现代设计、现代制造，包括在学校的试点、应用，包括标准的制订，包括评价和检测。检测不光是产品质量的检测，更重要的是教育教学适应性的检测。

三、教育装备的育人功能

教育装备可以推动教育理念的更新，特别是近几年，在“互联网＋”的前提下，教育装备以万物互联、数据驱动为趋势，连通万维空间，服务三尺讲台，构建起智慧教学环境，促进改变知识的呈现、传递、交流、分享和评价的方式，为深化教学改革提供了更加广阔的空间。教育装备也丰富了教育供给方式，从校园的环境、场所、空间到教育教学的内容、方法、手段，教育装备都在快速拓展着教育供给。

农村教育确实是整个教育环节中的一块短板，我们也在研究能否通过云课堂的模式来帮助这些地方，至少把国家规定的课程开足、开齐、开好。我想在现阶段优秀教师总量供给不足的前提下，在短期内技术是非常重要的手段。

教育装备还可以提高学生的认知水平，不光是认知，更重要的是知行合一。教育装备在教学过程中的科学应用可以化低效为高效、化抽象为具体，有效增强学生的兴趣，不断增强学生的观察理解、知识内化、创新实践的水平。

教育装备也可以提升教师的专业能力，帮助教师更广泛地获取资源，帮助教师擦出教育教学改革的火花。创设教育情境，增进课堂时效，特别是结合大数据，可以分析教情、学情，不断反思优化教学，驱动精准教学。同时使得我们的教研教学活动富有开放性、共享性、交互性和协作性。

四、教育装备的治理要求

有专家谈到了治理问题，因为现在治理的事比较热。十九届四中全会后，整个国家都在谈治理体系和治理能力现代化，教育装备某种意义上对于教育有支撑性作用，保基本、补短板、兜底线和重内涵、品质化并重。这就要求学校加强统筹指导规划，因地制宜发展，推动教育装备与课程建设和校园文化相结合，与师资培养和教育教学实践相融合，更好地为师生提供多样化、个性化的教学过程和教学方法，促进学校的品质提升、教育的内涵发展。

教育现代化也是教育装备的重要内容。特别是国家“放管服”改革提升治理能力，教育装备的治理毫无疑问也是整个教育治理的应有之义。我们需要从整个治理视角来重新审视教育装备工作，需要统筹育人规律、市场规律和治理规律，特别要健全教育装备整个工作政策指导、产业引导和质量标准、质量保障体系建设，做好在教育装备领域的基本公共服务。

教育装备是教育内涵发展的重要动力。当前，随着几轮学前教育三年行动计划的实施和党中央文件的印发，整个学前教育迎来了普惠发展的快车道。包括科学保教教育装备，再加上义务教育现在进行均衡发展的多导评估，92%以上实现了均衡发展。下一阶段是高阶的均衡发展，高阶的均衡发展也离不开教育装备，教育装备是重要的内容，再加上高中实行选课走班教学，这种模式下对于整个教育装备成体系化的支撑提出了要求。

总的来说，整个教育装备由原来较多关注建设与规模，变成了建设与配备、管理与应用、质量与效益相结合的内在协调统一。

五、教育装备的发展任务有六个方面

1. 标准化。标准化是教育装备现代化的基础，是衡量教育现代化基本实现的重要标志，也是通过标准来落实党的教育方针必要的抓手。同时，教育装备对接市场，实现产品服务，是管理和教育接轨的重要桥梁。标准也是教育装备市场化和产业发展的核心要素，我们要加快构建这方面的标准体系。

2. 均衡化。均衡化是教育装备现代化的内核，是衡量现代化水平的标尺，教育公平的核心是教育质量的优质均衡。一方面要合理配置教育资源，重点转移到农村偏远贫困地区；另一方面我们也希望通过教育装备，特别是结合互联网信息化教育装备的应用，不断扩展优质资源覆盖面。

3. 信息化。这里的信息化是以信息化为代表的科技迅猛发展，特别是结合

5G、大数据、物联网、人工智能，等等。以先进的理念承载新的技术，可以激发更多的教育教学生产力。

4．法制化。就是需要构建起整个教育装备工作的“四梁八柱”。

5．专业化。专业化是提高教育装备质量的重要保障，如果没有装备的专业化，投入那么多的经费，效益如何发挥呢？

6．国际化。现在中国正在走入世界舞台的中央，有些有优势，有些需要快速发展。中国立体化的国情为我们国家教育装备提供了非常广阔的发展空间，同时我们通过教育装备也会为国际搭建重要的交流平台，促进“一带一路”的发展。

时代越是向前，世界越是进步，知识和人才的重要性愈发凸显，教育也愈发凸显，教育装备支撑体系也就愈发重要。我也希望大家能通过教育装备及相连接的其他关键要素，一起融合、一起发展、一起推动，把教育做得更好。

钱志龙

独立教育学者

百年职校总督学

探月学院执行顾问

科学一直在敲门，可有人还在装睡

在过去的三年里，我拜访了全世界十几个国家的300多所学校，也做了几百场演讲，演讲里我经常问一个问题：下一个将要失业的会是谁？在过去的20年里，以我父母为代表的一群蓝领的、低薪的、重复性的体力劳动者失去了工作。但是接下来20年里，一大批白领的、金领的重复性的脑力劳动者将失去岗位，以曾被美国人奉为“三大师”的律师、医师、注册会计师为代表。道理很简单：只要是有规律可循的工作，机器人一定比人做得更好更快。老板都不傻，机器人可以24小时工作，它们不会生病，它们的孩子也不会生病。

那么，什么样的工作更不容易被AI取代呢？在我之前的演讲中，搜集到这样三个答案：和创造有关的、和情感有关的、和审美有关的。我当时还觉得挺对的，直到几个月前，当代艺术家徐斌老师的学生，一名叫“小冰”的机器人，在28个月的时间里研习了全世界286位殿堂级大师的作品之后办了自己的画展。当然，并不是说机器人就能取代所有的艺术家，但当人工智能时代进入超人工智能时代，当AI学会了学习之后，人类能守住的“碉堡”就越来越少了。

那么，教师会不会被AI取代呢？今天在座填写问卷的109位观众里，76%的人认为绝无可能，这是我提问以来比例最低的一次了，也是观众们态度最温和的一次。我给北京一所知名高中做教师培训的时候，曾有一位教师拍案而起："怎么可能？我们是人类灵魂的工程师!"我反问这位高三教化学的"工程师"同志："在您刚上完的45分钟的课里，您花了几分钟做人类灵魂工程师该做的事?"

我们也来看看在座各位的答卷，老师们每天花在什么事情上的时间最多？备课排名第一，改作业排名第二，讲知识排名第三，改卷子排名第四。

我们再来看看，你们觉得这些事情里面，哪些是机器人也能做，而且做得比人更快更好的？排名最高的依次是改作业、改卷子、出考题、讲知识、讲卷子，前五项里面有四项是重叠的。这可是你们的观点哦，不是我强加给大家的，所以，那76%的小伙伴，你们现在怎么想？

最近朋友圈里有一篇文章，主题非常温暖：《有多少老师在悄悄地爱着你的孩子?》小编搜集了好多老师们辛勤工作的照片。有老师在飞机上用5个小时改完了210份考卷。上周我刚主持了13000人次参加的2019第五届GET教育科技大会，但很可惜现场没有看到几个校长和老师。在会上我听到我北大师兄胡国志研发的产品不但能够自动批改作业，还能够帮学生自动生成错题本。

还有这样一位老师，从医院溜出来，把吊瓶挂在黑板上给孩子们上课，画面真的好感人，也让人心疼。但这种在中国经常被标榜的"抱病坚持工作"的美德，在美国是不被鼓励甚至是不被允许的，因为身体欠佳的老师不但不能高效地完成教学任务，带给学生好的能量，你还很有可能把疾病传染给别人。

我这个人从小就好为人师，我发自内心地热爱教师这个职业，所以特别不喜欢有人把教师这个职业想象得那么无趣，那么苦情。记得有一位乡村教师曾给我念过一首诗："为了孩子的梦想，我愿化成灰烬。"我实在没忍住，非常没礼貌地打断了她，我说那个画面太可怕了。你都烧成灰了，那谁给孩子们上课？谁还愿意做老师？

我希望有更多优秀的人才加入教师队伍，所以我必须反复强调做老师不是非要把自己烧干了才能点亮别人的，尤其是科技已经能给我们助力的时代。我们已经有了慕课，有了翻转课堂，在网上其实有很多人比你更会讲知识点，你不如让他们去讲，你负责回答学生的问题就好，你负责关心学生的情绪就好。现在有了5G + 全息技术，远在千里之外的老师可以生动地在你面前讲课。

我真心愿意相信老师们是因为埋头工作太忙了还没有意识到这个世界变化的速度有多快，但我有时候也会忍不住腹黑地猜测，老师们假装没有看见这些新技术，是不是因为除了讲课本和改作业之外，他们也不会干别的了？

所以，即使冒着被骂贩卖焦虑的风险，我还是要大声喊出：整个教育系统迭代的时刻已经到来。什么叫系统迭代？当大哥大变成诺基亚的时候不是系统迭代，只是产品升级，手机变小了，变美了，更快了，更好用了，但是当触屏手机出来之后，曾经为诺基亚日进斗金的流水线瞬间变成一堆废铁。

我们现在的学校就像是一部诺基亚的流水线，大家辛辛苦苦生产出来的产品已经没人要了。那么多大学生找不到工作，而很多岗位却招不到能用的人，很多信号在告诉我们这样的无效教育是不可持续的。中国人不喜欢用“变革”这个词，因为它带着浓浓的血腥味，我换成了“进化”这个貌似比较温和的词，但其实更让人细思极恐。进化是什么意思？就是当海水涌来的时候，你的前肢如果没有变成会游泳的鳍，你就会死。

我刚翻译完我的偶像罗宾逊爵士教育创新五部曲的收官之作《什么是最好的教育》，我翻译他的作品不费吹灰之力，有两个原因：第一个是他说的很多话是我特别想说的。第二个原因是这次翻译我毫不犹豫地借助了人工智能的帮助，我用了不同的翻译软件，看哪个版本的坯子最好，就拿来精细加工，再投入我的感情，把它变成中国人说话的方式。

但是，当我迫不及待地和一位做翻译的朋友分享这个高效方法的时候，他竟用一种特别嫌弃的眼神看着我，并郑重宣布："我的翻译可都是一个字一个字敲出来的。"难道一个字一个字敲出来的文章就一定更好吗？你亲手一张张数出来的钞票会比点钞机数出来的钱更值钱吗？

我知道老师们都很辛苦，跟学生们一样辛苦，但是教学的效果不是靠比谁苦就能提升的。我以前是个非常自信的老师，我的课上从来没人睡觉，但我十年没做一线教学了，回到课堂我觉得特别心虚，很多新的工具、新的方法都不懂。我也希望老师们能坦然面对新科技，不管你接不接受，喜不喜欢，它已经来了，它淘汰你的时候也不会跟你打招呼。你不如让人工智能帮你省出一些做苦力活儿的时间，做一些有必要的自我提升，专心做一些机器人干不了的事，比如多关心关心他们的情绪，用他们更喜欢的方式支持他们学习。但我们不能期待老师们每天要改几百份作业的同时，还要逼他们创新。

最后，不管有没有人敲门，不管是谁在敲门，我们都该醒了。

因为，天亮了。

分论坛四　科技赋能：如何培养适应未来社会的学生

严文蕃

中国教育三十人论坛成员

美国马萨诸塞大学波士顿分校终身教授、教育领导学系主任

大数据时代学生隐私的保护

——在科技进步和隐私保护之间建立一个平衡

我今天讲的题目，正好回答了程校长提出的“是不是马儿跑得太快？是不是科技跑得太快？”美国的科技在一定程度上跑得很快，大数据跑得快、AI 跑得快，跑的过程当中出现了一些问题。最主要的问题有两个，第一个是数据安全与隐私保护问题。AI 的基础是数据，没有大数据就没有 AI。我们积累了很多大数据，现在又出现了物联网，不仅是课堂上的教学数据，而且课堂外的数据也全部收集在一起。大数据进入教育就涉及个人数据安全问题、隐私保护问题，特别是未成年人数据的安全问题和隐私问题。第二个问题是大数据的适应性学习，或者是个性化学习问题。那么，设计适应性学习的前提是什么呢？就是我们掌握了学生学习的数据之后，就可以根据他的学习数据来设计一个最佳的学习模型，这就是适应性学习，或者是基于数据分析的个性化学习。实际上，真正的个性化学习，更多的应该是学生在自己学习过程中产生的独特的学习方式，而不是依靠机器设计出来的一套学习模式。依靠大数据分析来设计的学习可能会进一步减少学生自我发现的机会，因为它会为学习者绘制一条个性化的路径，以符合其预期效果，而不是让学习者自己绘制路径。

大数据时代有两句经典话语：大数据带来大好处，大数据也带来大问题。在深入讨论大数据带来的问题之前，我们先看一下科技进步和大数据发展带来的好处。

什么是教育数据？传统学校收集的数据大多数是书面的，通常涉及书面作业和考试内容。学校把期末测评成绩纳入官方记录，这些课程测评数据和学生管理信息一起存储在学校的档案中。老师做的事情是布置作业，组织考试。作业和考试的累积就变成学业档案。学生未来转学、升学、找工作都是靠这个数据。

传统的学生信息，除了书面档案外，还有老师的个人观察笔记。在传统的学校环境中，教师通过学生在课堂上回答问题、完成作业或参加考试的过程，收集学生的相关数据。这类数据有学生的表情、声调、服装、健康、姿势以及与同学的互动。这种输入帮助教师评估和诊断学生的进步，成为形成性评价的原始数据。20 世纪 60 年代末至 70 年代初，美国的学校开始收集越来越多的学生信息。这一做法在一定程度上是对“整个儿童的全面发展”改革的回应。全人发展的活动不仅仅是考试问题、学业成绩问题，而是学生整体发展的问题，所以教师做了很多笔记。这是传统的教育数据。

科学技术的进步带来了教育生态环境的变化。网络平台和移动设备的互动性引发了教育环境的巨大变革。新的教育技术可以收集、处理和创建更多关于学生的详细信息。今天的教育技术允许学校捕捉学生与学习平台互动的即时信息，并创造了形式多样的数字产品，超越了过去简单的以教师感官印象为主的方式。这些数据不仅包括学习的内容和表现，还包括学习的具体行为信息，比如显示学生登录系统的次数和学生回答问题所花费的时间。新技术改变了信息收集的类型、信息的流动方式以及信息的价值，实现了从个别的教育记录到学生数据系统的转变。新的学生档案，不是以成绩为中心，更强调非认知或软实力技能，这都是新数据的代表性特征。

同时，我们也看到了物联网带来的便利，它使更多的信息整合到学生的档案中。比如，在线监控评估平台，搜集了视频、面部识别、音频和生物特征信息，作为验证学生身份和大规模监控评估的手段。校园的无线射频识别卡，可以使用校园设施在食堂和商店里购买物品。Fitbit（乐活）记录器可以追踪学生的健康状况、运动记录和卡路里消耗量。“机器眼”可以追踪学生的眼睛，以确定他们何时“投入”学习，并追踪脉搏，以检测学生的压力水平。还有各种社交媒体的应用和监控。过去，学校在走廊或教室里使用传统的监控技术，如摄像头，以避免学生受到虐待。现在，学校用社交媒体软件来预警网络欺凌，检测作弊，并识别出有自杀倾向、有暴力倾向或不积极参与的学生，并给予相应干预。

接下来的问题是数据这么多放哪儿呢？放网上、放云端。云计算网络上有着过去从来没有的、非常详细的学生数据。现在出现什么情况呢？所有人都在收集数据。正如普林斯顿大学计算机科学教授 Edward Felten（爱德华·费尔腾）所指出的，“如果存储是免费的，但分析师的时间是昂贵的，那么成本最低的策略就是记录所有的东西，然后再整理”。所以大多数人藏了大量的数据但没有做数据挖掘。

教育数据挖掘做两件事：一是大量的数据可以对每个学生的学习过程进行模拟，然后依据模拟结果给学生提供最佳的定制化学习方案，这叫作学习分析。二是把所有学生的数据都收集起来，做管理分析，建立教育管理系统。

现在美国比较成功的利用大数据进行教育管理的是“预测分析报告项目”。这一项目对美国高校学生的学习状况进行全面分析，对学生辍学等重要风险进行预测。从2011年开始，该项目已经服务351家院校，分析了超过2000万条课程数据，建立了标准化数据收集框架。通过对学生学习数据的收集和分析，发现影响因子并构建预测模型。该项目分析的原始数据包括学生人口学数据、教学管理数据、学习过程数据、成绩数据和学生财务信息数据等。

学习分析（Learning Analytics）是一个新兴的研究领域，希望利用数据挖掘技术，为教育系统各层面的决策提供有效信息。学习分析是对学习者及其所处背景的环境数据进行测量、收集、分析和报告，目的是理解和优化学习环境。学习分析利用学生数据来建构更好的学习环境，及时定位风险学生人群（预计不能通过考核的学生），评估教学措施能否有效提升学生保持率，更精确地测评学生的学习结果，为学生成功提供个性化支持。学习分析除了分享学生在做作业和考试中的表现，还分析有关学习行为的变量，包括学习者何时以及为何频繁地登录和访问电子学习系统；点击数据和日志数据，即查看哪些链接和资源，以及查看的顺序；网上参与讨论的帖子和话语；与在线教育材料的互动，包括在线教科书、阅读材料和作业。

美国最著名的学习分析机构是匹兹堡大学学习科学中心（Pittsburgh Science of Learning Center），他们在美国自然科学基金会支持下，建立了世界上最大的储藏学生学习资料的数据库——DataShop。它是世界上最大的学习数据分享社区，免费提供安全的数据存储和数据分析服务。用户除了可以在这个网站浏览其他学校的数据，也可以把自己学校的数据交给他们。DataShop帮助学校免费存储数据，还对数据进行挖掘，同时支持探索性统计分析，提供Web of Science数据库支持远程调用，以及R语言等工具的接口，方便这些数据转变为学校改进的证据。存储到DataShop上的数据分为两种类型：公开数据和私有数据。公开数据每个人都可以看到，私有数据需要获得许可。这样，DataShop 的学习数据主要有几个来源：DataShop 自有数据、教学软件应用数据、智能教学系统数据、虚拟实验室数据、协作学习系统数据等。

将学习分析用于个性化学习一个好的例子就是大家熟悉的前谷歌工程师 Max Ventilla（马克斯·温蒂拉）创办的 Alt School。Alt 是 alternatives 的缩写，代表重新定义学校教育。作为一家把教育改革、互联网大数据和科技结合在一起的提倡个性化教学、全人教育的微型实验学校，Alt School 在 2013 年开学前就受到了投资人和各界媒体的追捧，被誉为美国理念最先进的小学，受到全球瞩目。Alt School 的独特之处就在于用数据说话，依据学生的数据建立了精准教学管理系统。每一个地方都装有摄像头，记录学生所有的活动和行为，然后利用先进的算法对这些数据进行分析，再根据分析结果给予学生有针对性的教学。但就是看似如此完美的学校还是受到了家长的质疑。问题出在哪里呢？问题还是在教育活动本身的特殊性上。教育具有复杂性。技术精英认为技术可以解决一切问题，包括教育。他们认为只要把教育数据收集起来，进行分析，建立模型，就可以预测教育进程和结果，就像金融领域的预测模型一样。金融有周期性，涨落具有规律性，同样的假设用在教育上面，试图以最短的周期来预测学习和教育的结果，事实上效果是令人失望的，因为教育不是那么容易预测的。即使是金融预测，其可靠性也是有限的，2008 年金融危机，华尔街并没有预测出来，所以连金融规律性都预测不出来却想要预测教育规律还为时尚早。

现在我们讲第二个问题，即教育大数据的挑战。学生信息的大规模收集和过度的搜集，必然对学生的隐私构成重大威胁，这就涉及学生数据安全和隐私保护问题。

数据大量的收集，得到了谁的批准？学生的隐私怎样保护？这些数据原来明明是学校的、学生的、家长的，但是现在被第三方拿去，它可能作为商业模式买卖，明显有侵犯所有权的问题。为什么这么说呢？我们可以通过对学习分析涉及的相关原始数据进行梳理来直观地了解一下。学习分析原始数据主要来自学习过程数据库和学生管理数据库。学习过程数据库，包括点击次数、在现场的时间、每次访问的平均时间、最后的活动、观看视频的次数、花在看视频上的时间、测验的成绩、学业成绩、参与度得分、学习轨迹、网络得分、论坛帖子的数目、平均每一篇论坛帖子的字数、主题模型得分等。学生管理数据库包括出生日期、家长/监护人姓名、家庭地址、社会保险号码、性别、种族/民族、是否具有全国学校午餐资格、是否英语非母语学生、是否残疾、成绩单（课程及等级）、平均绩点（GPA）、标准化考试分数、出勤情况等。可见，这些数据实际上包含大量的学生隐私信息。

对学生信息的大规模和过度搜集，必然对学生的隐私构成了重大威胁，遭到美国家长的不满和反对。这里可以举两个例子来说明：一个是 summit learning（高峰学习）的缩小，另一个是 inBloom 机构的关闭。summit learning 是个性化教育一个有名的学校，它提供免费的个性化学习平台。由于家长的不满意，这种学校近年来不断地缩小。inBloom 试图在学校和技术供应商之间建立共享数据的平台。比尔·盖茨是这个项目的支持者，2013 年提出投入 1 个亿做平台。2014 年 inBloom 宣布关门。一年不到就关门，原因就是隐私保护的问题。

下面我再举一个例子。2014 年美国国会召开听证会讨论学生数据隐私保护的问题。这个听证是联合听证，由两个重要委员会组成：一是国土安全委员会，个人隐私问题是安全问题，由国土安全委员会负责；二是教育委员会，教育问题自然归教育委员会负责。两个委员会组成联合听证委员会，回答大数据如何威胁学生的隐私，到底数据开发是不是触动了学生的隐私权等问题。

面对联合听证委员会的专家叫作乔尔·雷登伯格（Joel Reidenberg），他是福德姆大学法学院法律与信息政策中心主任，法学教授，学生信息和隐私方面的学术专家。他以他的团队所做的全国大型调查研究《公立学校的隐私和云计算》（2013 年 12 月）为依据，向国会呈现了三点结论。一是美国 95% 的学校已经把学校的信息外包了，也就是说信息全部交给第三方处理。这些服务包括课堂教学、报告功能、数据挖掘、大学指导和职业咨询、IT 托管、交通和食堂管理等特殊服务。二是《隐私法案》未能保护学生信息安全。没有办法用旧有的法律保护学生的信息，因为这些法律还没有涉及现代高科技发展，这些法律是 40 年前制定的，那时候计算机还没有普及，所以它不能应付这些问题。三是学校与外部供应商签订的合同无法起到保护作用。75% 的学区没有通知家长，他们正在把孩子的数据外包出去，40% 的托管协议不要求任何数据安全，25% 的课堂教学数据合同是免费的，不收学区的钱，实际上是以学生的隐私为代价的，数据正在被货币化。20% 的学校与外部供应商签订合同时，通常会放弃学生的隐私，允许供应商单方面更改条款，不能有效阻止数据的销售。

下面我分析一下这三个问题。第一，为什么 95% 的美国学校拥抱第三方？教育外包第三方，实际上第三方也是有风险的——第三方有经济目的，而且也不一定做得好。为什么学校要外包给第三方呢？是教育改革的需要。美国教育改革的业绩要用数据说话，每个学校必须依据数据来做决策。问题出在很多第三方根本不懂教育，只懂数据。我们都知道大数据的特点是“4V”：海量、快速、多样、价值。教育大数据更复杂，除了这几个特点之外，教育的周期性大家根本不了解，教育的复杂性也认识不够。

第二，为什么现有的教育隐私法保护不了学生隐私安全？美国现有教育隐私法有三个：《家庭教育权利和隐私法》（Family Educational Rights and Privacy Act，FERPA）、《儿童在线隐私权保护法》（Children's Online Privacy Protection Act，COPPA）和《保护学生权益修正案》（Protection of Pupil Rights Amendment，PPRA）。FERPA 是 1974 年编制的，那时计算机还没有普及，所以法案中没有涉及科技对教育影响的规定，因此依靠这个隐私法没有办法保护学生隐私安全。COPPA 和 PPRA 则是对新出现的学生互联网信息安全进行的补充规定。COPPA 规定获取 13 岁以下儿童的个人信息需要获得其父母同意，包括姓名、地址、电子邮件地址、电话号码、社会保险号码等。PPRA 规定了学生 8 个受保护的权益：学生或其父母的政治倾向或信仰；学生或其家庭的精神或心理问题；性行为或性态度；违法、反社会、自证罪或贬低其人格的行为；对有亲密家庭关系的其他个人的批判性评价；法律认可的特权或类似关系；宗教习俗或信仰；法律规定以外需要报告的收入。

第三，为什么学校与外部供应商签订的合同很多都是不合格的？好的合同必须做到保护隐私、可访问、透明，这是基本原则。换句话说，大家都承认数据的重要，但是收集要有限度，不能乱收集，学校应该明确什么允许收，什么不允许收。2015 年卓越教育基金会（Foundation for Excellence In Education）在《学生数据隐私、可访问性和透明度法案》中提出了保护学生隐私的原则：数据的价值、公开性、有限收集、有限的用途、准确和可获得、安全、问责制。现在，美国的大公司开始加强重视学生隐私问题，他们签订的隐私合同逐年增长。拿 Google 来说，Google 签订的隐私合同数 2019 年比 1999 年翻了 3 倍，也就是说隐私条件越来越紧，特别强调保护未成年人的信息。比如大数据库 Photomath 明确声明绝对不收 13 岁以下儿童的信息。

面对大数据时代学生隐私的保护，我们需要在科技进步和隐私保护之间建立一个平衡。我们建议国家要成立保护学生隐私权研究中心，帮助学校、学区、教育局建立隐私保护机制。美国有几个教育隐私保护信息的网站大家可以访问，如：美国教育部隐私技术中心网（Department of Education PTAC）给教育有关利益方提供资源，帮助他们进行数据隐私保护和保密；数据质量运动网（Data Quality Campaign）提供州法律信息，以及其他有用的隐私审核工具和资源；学生隐私保证网（Student Privacy Pledge）是学校服务提供者的保障，在收集和使用学生个人信息时维护学生数据隐私；学校网络联盟的校领导隐私管理工具（CoSN Privacy Toolkit for School Leaders）为学校管理者提供处理学生隐私问题时所需的知识和义务。

总之，大数据时代学生隐私安全的保护需要政府、学校、研究机构和服务公司四方相互合作才能完成。政府教育行政部门负责制定教育大数据方面的相关法律和法规，划定边界，明晰责权，建立教育数据标准，为数据共享和分析奠定基础。学校要提升数据驱动教学与管理的意识，建立大数据管理与应用机制。技术公司和教育服务机构要遵循开发应用的道德准则，例如公平、安全、透明、隐私保护等。研究机构要开展多学科协同研究，尤其是教育科学与数据科学的结合，注重研究成果的转化和服务。

林长山

清华大学附属小学课程与教学中心研究员

儿童站在科技教育正中央

——三个故事引发的思考

每天孩子们会给我们反馈很多故事，我们就从故事引发一些思考。

第一个故事是小水滴的旅行。

小水滴的旅行

这是孩子做科技幻想画过程中创作的作品，这个作品用图画为背景，前面是一个小的管道，小水滴通过管道从城市里被搬运到工厂进行加工，然后进了家庭的厨房，最后到了人体里面，展现了一个小水滴的旅行过程。孩子们创作的时候，我们更多地关注到孩子色彩的运用、科技知识的融入，但更重要的是什么呢？在这样一个项目融合当中，思考孩子如何将艺术的智慧绽放在科学知识里，一粒小水滴经过长时间、长周期的运行，最后到人体里面，说明了什么？珍惜水资源，就从珍惜一粒小水滴开始。这样的思考，给了我们非常有价值的触发。

第二个故事，关注小动物的小朋友。

有个孩子在非洲旅行的时候，发现有很多动物在穿梭公路过程中被车撞死。这给孩子非常大的触动，他就想动物身上如果有一种装置是不是可以免于死亡呢？于是他回到北京之后就查资料，发现每年因为交通事故被撞死的动物不少。他想如果有 AI 技术，有一个闪光灯，当发现动物出来的时候马上把信息传递给闪光灯，闪光灯不停地闪烁，就可以让动物马上离开。

基于他关注小动物的心情，我们让他进一步关注一些人群，比如孤独症的儿童或者盲童，这些人身上有一些装备是不是就能改变他们与外界的沟通和联系呢？这样的小故事给予我们很大的思考，在小学阶段，孩子们学习了很多科学实验和科学知识，但当下没有一个固定的规则可行的时候，这些新问题如何体现人文关怀呢？

第三个故事，一个适性扬才的班级。

2017 年刷爆朋友圈的网红班级，做了一个项目课题研究。有人质疑怎么能做出这样的成果呢？课题成果达到了研究生硕士毕业论文的级别，原因何在？是因为他们从一、二年级就开始从生活中发现问题、思考问题，三年级就进行小课题的研究。细心的老师可以发现孩子们关注的是什么，比如北京市出租车的收费问题、地铁票价升高与出行率的关系、苏轼的诗、不同海拔下人体的反应能力等，其实触角非常多。

综上所述，我们应该学习的是利用知识的能力和学习创造知识的能力。一个儿童，作为未来的终身学习者，那些研究是不是能够成为潜能释放的方式？

由这三个故事开始，我们不断追问自己：人工智能时代来临，未来科技大爆炸，我们是不是要思考科技如何与学生真实生活发生关系？怎样让学生在动手中实现亲身参与和投入情感？学生在未来世界的生活究竟要靠什么？这样的思考回到当下的语境，就是立德树人的问题。

我们教育改革要思考一个问题，到底培养什么样的人的问题，这是首要问题，是系好小学生第一枚价值观的纽扣。清华附小在小学阶段为孩子埋下了梦想的种子，这个梦想的种子是和国家社会紧密相连的，有抱负、有担当的，要做中华民族未来的时代新人。清华附小提出这样的思想既有历史的传承，又是中西合璧，也有清华附小百年的厚德基础。从成志学校到成志教育，一直关注人的价值塑造与理想信念教育。

科技教育的实施路径，主要通过“四轮驱动”的方式。

第一轮是横向“1 + X”课程的整合融通。

“1”是国家优质课程的落实，学科课程里我们没有脱离学生认知水平和生活实际。比如观察细菌数的时候，素材恰恰就是洗手。低年级孩子们采集了120个细菌之后进行了前后对比，最后研究发现：洗手前细菌多，所以要经常洗手；三种免洗洗手液的去菌效果差别很大，只有一种免洗洗手液的效果比清水好，其他两种甚至还不如清水。这其实是指导孩子们解决生活中的实际问题。

我们现在探索的是如何打通课堂和生活之间的隔膜，我们设计了饭后何时洗碗更科学的活动，用平板菌落计数法研究餐具上的细菌数量。

举一个例子，有三组编号，1—3编号是使用后立即浸泡5分钟，4—6编号是使用后立刻浸泡 12 小时，7—9 编号是使用后放置 12 小时再浸泡 5 分钟。哪一种浸泡方式细菌最多？

通过实验孩子们发现：浸泡 5 分钟的碗中，其平均菌落数为 234 个；放置 12 小时再浸泡 5 分钟的碗中，其平均菌落数为 282 个；浸泡 12 小时的碗中菌落数最多，平均为 348 个。所以吃完饭，要尽快洗碗。

第二轮是纵向“启程—知行—修远”素养发展的进阶。

我们思考的是儿童成长的发展规律，就科学教育而言，低年级更多的是体验，中年级注重的是实践，高年级有深入性研究和持续性研究的分享。对于科学而言，每个阶段都有重点，可以进行完整周期性的贯通。

第三轮是横纵整合的年度成志榜样主题课程群。

我们每年都有一个成志榜样主题课程群，它有一个理念：控制信息量，产生有意义的建构。在小学阶段，发现到底哪些知识有用，哪些知识有效。学生的内存既要有充盈度，同时又要有清洁度，所以要让孩子们在小学阶段就走进经典。

比如我们走进孔子。孩子们走进的过程当中，构建的是整体育人要素的打通，不仅仅有成语、名言，还有一些文创，等等。除此之外，还聚焦到如何从阅读世界走向实践世界，让学习有温度、有深度。孩子们投票，到底孔门十弟子谁是大弟子，论语那么多条经典语句到底哪句话是最受推崇的。还要走出去，拿着孔庙的地图，带着地图研学，在真实践、真研究中学习。

第四轮是过程数据 + 关键事件 + 榜样引领的数据评价。

很多专家谈到评价的安全隐患问题，这恰恰是安全的扩展，不仅是身体安全，还有信息安全。六年的成长有过程数据，还有关键事件。我举一个小例子，快速批卷的时候，很快会得到孩子答案的对错，但是即便同样错了5道题，孩子的书写认真程度以及自己的成长变化其实都是不一样的。可能孩子还是错了5道题，但是他的笔画更认真、更规范了，这是孩子非智力因素的变化。

2018年有一个语文的作文题是《2049年，我想对自己说》，大家可以看看孩子们写下的梦想清单：有12%的孩子立志当发明家，其中包括有盘古一号空间站的负责人；有14%的孩子想当运动员或教练员；有19%的孩子想成为艺术家、作家、主持人，甚至非遗传人；有11%的孩子想要当教师，甚至要当清华附小教师或小学校长；有10%的孩子想当动物饲养员、二胡修理员等极富个性的职业。不管孩子们选择什么样的职业，什么样的方向，相同的价值观和美好的品质是不变的。

如果面向未来，就我们的共同思考而言：一是要寻找原力。教育需要在实践参与中释放人的生命原力。二是要价值赋能。儿童精神需求的满足、创造力的释放，都需要在真实的关联中实现。三是要回归本真。过去已去，未来已来。我们在未来可期中，寻找到真实的、鲜活的、有情感的、有温度的自我，不仅仅是学生，还有老师。

所以为了更美好的中国，为了更美好的基础教育，为了更美好的成志教师，为了更美好的成志少年，我们共同努力，共同探索。这样的成志梦想不仅仅种在孩子的心中，更种在老师和学生们共同比翼齐飞的路上。我们相信，只要有坚定的信念并付诸行动，一切都会更美好。

蔡　可

首都师范大学人工智能教育研究院常务副院长

人工智能与课堂里的学习方式变革

我是来自首都师范大学人工智能教育研究院的蔡可。我们研究院主要是从教育的角度，考虑人工智能怎么为教育赋能，如何正确地做事，如何做正确的事。

我主要讨论有关教育理念的问题，以及在这样的背景下怎么落实到课堂，而不是纯粹的技术超越的问题。现在整个教育教学改革进入了“三新”时代，即新课程、新教材、新标准。2018 年初颁布了修订后的高中课程标准，2019 年启动了义务教育课程的修订。

2018 年高考选取《鲁滨孙漂流记》中的内容，12 分，对学生的阅读积累、知识整合提出了非常高的要求。

2018 年高考作文题很短，内容不到 100 字。二战期间，为了加强对战机的防护，英美军方调查了作战后幸存飞机上弹痕的分布，决定哪里弹痕多就加强哪里。然而统计学家沃德力排众议，指出更应注意弹痕少的部位。怎么写呢?有的人认为这道题失败了，让学生不知道怎么办，不知道怎么落笔；有人认为这个题非常好。因为这道题，“幸存者偏差”成为网红词。

“幸存者偏差”是什么意思呢？死人不会说话，我们根据看到的现象和所谓的事实做判断。但是却忽略了你只是根据看到的数据，却忘了很多数据没有进入你的统计范畴里。就像对战机的调查，应该统计的是所有飞机的问题，飞机一旦被击中坠毁了，就不可能进入你的统计视野。这个题是说要辩证思维，透过现象看本质。其实这种问题在我们的生活中比比皆是。日常生活中的医药广告都是用了幸存者偏差，上网买东西不断提供数据也是。对于现代公民，对于经历了12年基础教育的国民来说并不难，如果觉得难，那是在学校里没有经历过良好的思维训练。

2018年全国一卷试题，很多人批评太像政治题，列出了几组数据：2000年"世纪宝宝"出生……2035年基本实现社会主义现代化。以上材料触发你怎样的联想和思考？请据此写一篇文章，想象它装进"时光瓶"留待2035年开启，给那时18岁的一代人阅读。

这道题有人很高兴，觉得猜中题了，类似于读十九大报告会产生什么样的感想。这种题坦率说，教辅资料中出现得很多，看起来像一道题。这道题人工智能也可以答，因为观点非常明确，只需要宏大叙事即可。但这和高考原题不一样，它有宏大叙事，但必须要写得具体、生动、形象，体现的是生活中的经历。要把这个作文写好，就要有对生活的观察，能够提炼素材，能够把这些素材在小我和大我之间建立关联，同时能够写具体、写生动。语文命题很难，绝不会让人那么容易猜中题。这是写给2035年吗？不是，而是有一个具体的收信对象。2035年成年的人现在在哪儿呢？还在襁褓之中，2017年才出生，这是"世纪宝宝"写给"新时代宝宝"的一封信。怎么能够符合阅读者的期待呢？怎么能够调动他的兴趣呢？

北京的高考题说如果从《边城》里的翠翠、《红岩》里的江姐、《一件小事》里的人力车夫、《老人与海》里的桑提亚哥之中，选择一个人物，依据某个特定情境，为他（她）设计一尊雕像，你将怎样设计呢？这就要真读了书，又有对人物的理解、对情节的理解，设计一个雕像，还要把雕像描述出来，考的是阅读积累、思维和写作能力。民众阅读会不会进高考？我个人认为以后肯定会进高考，但是怎么进还没有定论，北京卷提供了很好的参考。

大家再来看，试卷给了两首诗：杜甫的《春夜喜雨》和苏轼的《饮湖上初晴后雨》。第一问是默写一首春天景象的诗词，与上述两首诗形成一组阅读材料。这个题考了古诗词积累，考了背诵。过去考背诵就是填空，学生死记硬背，诞生了很多背诵手册。这个题不仅考记忆，还考鉴赏。这道题需要先把前两首诗读明白，再形成一组材料，建立对诗词风格的理解。这道题考了记忆、鉴赏、写作，组成材料之后还要说一说为什么选这个，考查了学生的思维能力。

为什么要让学生学习古诗词呢？是为了通过优秀的古诗词积累丰富他的文化，提升他的审美修养，这是终极目标。现在网上有很多网友说为什么要读古诗，因为见到落日就不会只说“真美”，可能会马上说出诗句；看到了明月皎皎想起了“床前明月光”，背熟了自然就想出来了。但是这些也需要情感，这是对学习过程的考查。

试题在发生变化，变得具有高度的综合性、情境性，对接学生生活与社会，所以我们要从单纯刷题、解题转向解决问题。学生解决问题，必然会涉及学生学习方式的变化，必然会涉及课堂教学方式的变化。考什么学什么，考试不考就不教，这样的情况要改变，就要优化考试内容，重点考查学生运用思维、分析理解问题的能力，创新试题形式，加强情境设计，增加综合拓展的应用。

从教学的角度来说，我们要讨论什么样的知识最有价值，培养什么样的人，用什么培养人，怎么培养人的问题。核心素养是个体在解决复杂的现实问题过程中表现出来的综合能力。学科素养考虑的是学科的育人价值。比如历史的学科核心素养就包括唯物史观、时空观念、史料实证、历史解释、家国情怀，等等。

还有学业质量的问题。所有的学业质量是这样表现的：数学能发现问题，历史能提出新的解释，物理能清晰、系统地理解物理概念和规律。这其实就代表了知行合一。学业质量不是停留在学科内容上的，而是通过内容能“看出来”，能“测得到”，这就是新的学业质量。

这涉及学生学习方式的变革，从素养目标到怎么引发素养表现，给予任务情境。任务情境背后是什么样的学科内容，学生怎样学，最终达成的学习成果是什么？这不是一个学科研究能解决的，必须要以学科知识为基础，同时要把学科教育逻辑带进来。学科核心素养是个体在与学习情境的持续互动中，不断解决问题、创生意义的过程中形成的。教师角色从过去的传道、授业、解惑转向学习活动的设计者、组织者、引导者、评价者。从过去的知识讲解转向学习活动的设计、评价。

这个过程中 AI 可以做什么？

我们做了“互联网 + 项目学习”。在小学做跨领域的项目学习，中学是学科教学为主，尝试学科内部的项目学习。通过项目学习设置，体现项目学科课程体系的素养，实现学生的学习进阶，记录个人学习档案，基于数据反馈进行有效学习、个性化学习。

为什么很多公司说这件事做不到呢？因为教育比较复杂，它涉及对学科内容的理解以及对学科教学活动的理解。那技术可以做什么？技术可以做的是创设解决问题和实施项目的真实情境；线上线下一体化，引发学生自主的、多样化的学习活动；打破教室空间界限，养成学习习惯；提供动态化、可视化的方案；重构课堂教学，聚焦学生学习，改变琐碎分析、知识点导向的教学，走向任务与项目，走向情境，走向整合。

人工智能教育不在于技术，而在于对教学的理解，这一点非常重要，否则很有可能使技术赋能偏离方向，使人工智能退化成了人工制造。

南战军

甘肃省兰州市教育局局长

飞天计划　圆梦未来

——基于学生未来的科技教育实践与探索

现在我们都能感受到科技发展的蓬勃之势，也能感受到科技对教育产生的巨大影响，但同时又引发了诸多思考，教育与科技究竟是什么样的关系？教育科技在未来究竟发挥什么样的作用？我是一名教育行政管理工作者，所以更多的是思考如何在学校、如何在教育实践当中，有机地将科技与教育结合起来，途径就是科技创新教育。

今天与大家交流兰州市推进科技创新教育的一些思考和做法，我分享的题目是《飞天计划　圆梦未来——基于学生未来的科技教育实践与探索》。

兰州是甘肃省省会，是“一带一路”中的璀璨明珠、重要节点城市，这里是飞天的故乡。古代的“飞天”凝结着千百年来生生不息的中华民族精神，现在的“飞天”，酒泉卫星发射中心实现着中华儿女的航天梦想，飞天对于甘肃和兰州有着特别的意义和深刻的内涵，基于此，我市启动实施了中小学科技创新教育的“飞天计划”。

根据对科技创新教育的理解、科技发展态势以及教育的需求，我们的“飞天计划”分为三个阶段，将它定义为1.0版、2.0版、3.0版。

一、“飞天计划”1.0版，奠定科技创新教育的基础

创新作为知识经济发展的主动力，是一个民族进步的灵魂。兰州市委、市政府历来重视科技教育，坚持“创新型人才培养从娃娃抓起”的理论，将中小学科技创新教育作为国家创新型城市建设的重要抓手，给予政策导向、人才引进、经费保障、激励表彰等方面的强有力支持。近年来，我市实施“金城萃英”人才计划，先后引进多名科技创新教育人才，组建了名优特教师工作室和特色项目工作坊，引领“飞天计划”高质量落实。设立科技创新教育市长奖，定期表彰奖励杰出人才和优秀成果。连续四届成功举办科技成果博览会，专设中小学展台，推介我市青少年的新发明、新创造。依托省会城市优势，汇集高校、科研机构等优质资源，组建科技创新教育研训中心，做规划，创机制，搭平台，定标准，提质量，助推科技创新教育工作持续开展。推进“六个一百”工程：组织100名专家进校园，建成100个基地学校，组织100个指导团队，评选100名“小小科学家”，打造100个精品课程，实施100个研究项目。

“飞天计划”1.0版的实施，形成了“机制完善、内容丰富、体系健全、项目支撑、多元发展”的工作格局，普遍提升了全市学生的科学素养。

二、“飞天计划”2.0版，提升科技创新教育的成效

近年来，兰州教育坚持“12312”工作思路，围绕“建成区域教育中心”这一目标和“扩资源、促公平、提质量”三大任务，滚动实施了12项行动计划，使兰州教育走向了优质均衡的发展轨道。科技创新教育行动计划（即“飞天计划”2.0版）是其中之一。该计划以STEAM理念为指导，推进了跨领域、

跨学科、跨学段的融合，着力培养有梦想、有激情、有知识、有创意的一代新人。

课程是关键，即使只给学生设置10秒的课程，学生也会得到相应的发展。在课程上我们主要开发了从小学到高中一体化的兰州地方课程：小学低段以认识世界为目标，重在体验；小学高段以使用简单工具为基础，重在探究；初中以学习学科原理为重心，重在思维；高中以建立跨学科、跨领域研究为突破，重在创新。各学校立足校本，发掘优势，跨学科融合，开发了一批内容丰富、实践性强的校本课程：有体现民俗文化的兰州刻葫芦、甘肃彩陶、皮影制作等课程，有指向生活生态的家庭水培、挑战PM2.5、室内装潢等课程，有重在创意设计的仓鼠滚轮运动器、工程搭建、绘声绘影等课程。全市50多个中小学生科技创新教育基地，遵循认知规律，结合各自优势，建成了特色化的综合实践活动课程。如中小学生综合实践基地研发“绚丽甘肃、生态兰州、创新之城、九曲不回”四大领域的“创”课程体系，开设了食品+、创意木艺、豆芽之旅、AD文创等106门课程。还积极与中科院、寒旱所、兰州大学、环境研究院、博物馆、科技馆等合作，共建主题课程，如奇妙的摩擦世界、空间探索之旅、智慧气象、文物修复研究等。以上四个层面的课程纵向贯通，横向辐射，彰显了兰州特色。

课堂是课程实施的主要途径，在12个行动计划当中就有课堂效益提升计划，主要是通过研究性学习、项目式学习、智慧课堂开设等开展课堂改革。要使科技促进教育发展，要实施城乡均衡发展，科技在这个过程中发挥关键作用，智慧课堂、名师在线等项目的开展也发挥了积极作用。为减轻学生和家长负担，提升教学水平、教学效率，我们把全市各学科名师组织起来，让他们形成团队，研究每个学科、每个学段孩子究竟应该掌握什么，在教学过程中孩子可能遇到的难题究竟汇聚在哪里，然后形成教学方案，不是简单的课堂教学重复，而是有重点、有难点，着重方法的引领和突破。我们开设“名师在线”课堂，只要有一台移动终端或者终端设备，在任何地方都可以上网，都可以在线学习，不花一分钱，就可以享受最优质的教育资源，最大限度地促进农村学校的教学水平提升。我们还广泛开展研究性学习，如调研黄河水污染治理、兰州桥文化调研等课题类研究活动，琴谱自动翻页支架制作、古兵器的复原等创造类研究活动，卫星发射基地参观、国家重离子加速器重点实验室考察等实践类研究活动。积极倡导开展项目式学习，兰州三十三中、兰州五十一中拓展选修课内容，设计图形化编程语言和代码式编程语言实施项目，引入开源硬件、物联网模块、人工智能等新科技工具，运用乐高结构件、vex 结构件、arduino 开发板以及各类传感器，以小组演讲、成果推介等形式分享汇报项目研究成果。

整合资源搭建平台，我们做了“三个一”：（1）打造了一批创客工场。各学校以创意流程为导向，将空间、设备、课程等因素有机整合，创建了机器人、3D 打印、激光切割创意制作、CAD 制图等多种主题的创客实验室。如兰州外国语学校以中国古代军事科技文化为创客课程的单元主题，带领团队研究学习背景材料，共同设计制作，成功复原了北宋神臂弓、诸葛连弩、云梯战车、投石机、东汉陶三轮马车、晋代指南舟等 68 件模型。其中还制作了以《海底城的国王》为内容的我国第一本木质密码解密书，相继被中外多家媒体转发报道。（2）培育了一批 STEAM 教育种子学校。如青少年机器人创新实践活动实验校、“创”课程体系开发实验校、航空航模实验校、兰州水车创客中心实验校等。各实验校依托校本资源、团队力量、项目优势，不仅在专项研究领域示范引领，而且开创了培养学生创新创意能力的全学科、全过程落地模式，为 STEAM 教育在兰州遍地开花提供了范本。（3）设立了一批学具、教具研发工作坊。各工作坊因地制宜自制学具、教具并定期开展评比，一批独具实用价值的优秀作品得到推广。如科学类的多边形动态演示仪、智能行走机器人、模拟潜水艇演示器等，数学类的几何体展示及造型教具、万能制图工具等，地理类的水循环演示仪、太阳方位演示仪等，物理类的机械课堂教具、杠杆原理教具等。

“三个一”实现了本土资源的有效开发和充分利用，为创客人才施展才华创造了机会，提供了舞台。

三、“飞天计划”3.0版，开启科技创新教育的未来

3.0版更多是基于我们对科技教育创新发展的思考，有些已经在做，有些正在谋划，有些得到大家尤其是专家指导之后形成思路，找到落地的平台和举措。时下，“互联网+”、大数据、云平台、区块链、人工智能等技术正引导教育生态深刻变革。面临机遇与挑战，如何利用科技为教育赋能，培养面向未来社会的学生，是飞天3.0计划的新命题，也是兰州教育的新使命——我们将关注重点放在学生学习方法的转变，放在学生未来发展的目标要求上。

1. 以科技教育为支点，撬动基础教育新发展

谋划未来教育发展，我们将以培养创新精神为内核的应用型、复合型、技术技能型人才为目标，坚守教育本真，落实立德树人根本任务，坚持科学教育与人文教育深度融合，构建纵横联动、立体化的科技教育格局。纵向上，开展数字信息技术支撑的现代教育体系治理，推进管办评分离，实现扁平化管理，实现教育管理部门由业务单向管理向“孵化器”转变，学校由课程实施向课程研发评价转变。横向上，搭建数字信息技术支撑的资源平台，打造集科技馆、艺术馆、博物馆、图书馆等于一体的科技教育“学习中心”，组建“创客工场”“智能实验室”“数码空间”等优质资源共建共享的特色联盟校。

2. 以核心素养为追求，构建深度学习新样态

教育的使命是帮助学生学会学习。未来学习是自觉主动、深度理解、迁移运用、创新实践的高阶学习。以现代科技为支撑，实现资源融通、信息共享、人机协同、因材施教。推进人工智能与信息网络的融合，创设因需而变，集成、多样、智慧的虚拟与现实有机融合的学习场景，实现沉浸式、情境式、项目式、混合式等多形式学习。建设大数据分析平台，坚持以学定教，比对学生发展潜力与教师综合素养的匹配度，将其转化为精准教学的策略，实施个性化、订单式的精准教学。实施大单元教学，利用现代科技手段，对国家课程进行校本化、师本化的重构，遵循知识结构逻辑层次，将同一类问题进行跨学段、跨学科重组，实现问题导向的贯通式学习。融合大数据、教育评价、脑科学等技术成果，建立学生学习过程全记录的信息库，针对个性化学习要求，进行精准化、反馈式、补偿性的学习评价与改进。

3. 以创新素养为核心，构建课程实施新体系

满足个性化教育、创新素养需求，要为每个学生充分发展提供适合的课程“菜单”。建立网络教育资源平台，汇集优秀课程资源。建设“兰州云学校”中央数据库，设立“科技教育课程超市”，完善课程筛选、准入、考核、退出、更新机制，保持课程的鲜活度。每个课程研发者、学习者都可通过终端实现课程的自由流通。同时，整合空间物理研究所、兰州大学、科技馆等航天、高校等领域专业资源，通过积分、课程专利等方式，建立适合中小学生“菜单”的科技教育课程体系。中小学生按照个性化定制“菜单”，通过选课走班、线上线下、先修选修等方式，实现自主学习。

4. 以科技手段为支撑，拓展教育发展新领域

未来学生既要适应科技带来的变革，同时又要创造更美好的未来，需要我们借助科技手段，破解诚信教育、生涯规划、特殊学习等难题，实现“幸福完

整的教育生活”。如：利用区块链的去中心化、分布式存储和数据一经记录无法修改的特点，建立兰州教育区块链，保证数据共享与真实，降低数据存储共享成本，提高诚信教育的信度与效度。利用云技术平台，建设生涯规划测评系统，围绕学生性格气质、兴趣爱好、职业倾向、学习风格等要素，用大数据全方位测评、分析、规划，促进学生学涯、职涯、生涯等融合发展。利用智能设备辅助特殊教育，如可穿戴式耳机、智能乐器、机械外骨骼、智能轮椅等设备，满足残疾学生接受正常科技学习的需要。

5. 以科技素养为目标，培养科学教育新教师

未来教师作为学生学习过程的创设者、指导者、评价者，需具备现代科技素养。内培外引，打造一支量足质优的科学教育教师队伍。完善能进能出、能上能下的教师动态管理机制，拓宽人才引进的标准和通道，吸引重点高校科技创新人才加盟兰州教育，组建工作室，做到能者为师。实行大数据管理，采集教师教学、科研、管理等信息，建立教师数字画像，通过大数据分析，支持教育管理决策，精确教师培养目标，优化教师生涯服务，培养教师科技素养。实施未来教师培养计划，与企业或高校联动，通过定向培养、团队研修、课题研究、项目研发等方式，提升教师科技素养，推动人工智能等新技术在教育教学中的深度应用。

我们一直在思考，在全新变革的时代，变是常态，不变的是教育的本质和真谛。教育不是试验田，不是教育新技术的试验田，一定要把成熟的技术引入到教育实践当中来。我们一定会主动作为，拥抱新技术、拥抱新时代，推动基础教育的时代变革。

孙夕礼

江苏省南京市金陵中学校长

金陵中学面向未来的课程实施

现在讨论很多的是技术引入到学校来，学校有没有做好准备的问题？我觉得这个问题不需担心。因为学校老师不用去制造电脑，只要会用电脑就行，培训一下怎么使用，这些不是很大的问题。再有就是技术是好东西，但是用到学校之后不能走极端。技术落地应用后要考虑到中国教育的实际问题，这么大的群体，城乡分布不均衡，教育的复杂性和教育的特殊性，等等。

面向未来学生的培养，技术只是其中的一方面，或者是贯穿在学校课程设置主线上的一个方面。

我的讲述包括三方面内容：一是基本认识，二是课程实施及特色，三是作为基层的教育管理者或者教育工作者的一些期待。

一、基本认识

2015 年，联合国教科文组织发布了一份研究报告《反思教育：向“全球共同利益”的理念转变?》，报告强调了教育的人文主义精神和多样性、多元性，也强调了数字化、互联网时代学习的方式转向混合、多样化和复杂的学习格局。学校管理者设置学校课程框架的时候，这个报告应该有很好的参考价值。

《中国教育现代化2035》中，强调了技术的应用，特别是创新能力的培养，其中有一条是“充分利用现代信息技术，丰富并创新课程形式”。现在信息技术能干什么？是丰富并创新课程形式，我认为没有必要颠覆。不可能不要老师，不要学习。创新人才培养的方式，包括教学方式、课堂教学的组织形式，以及对学生核心素养的培养当中强调的创新精神和实践能力。

研究新时代对全球治理人才和创新人才培养的要求，发达国家基础教育的特点，我觉得美国21世纪的核心素养这个理念还是比较新的。尽管每个国家的教育都被诟病，都存在很多问题，但理念上应该是相同的，包括课程体系。我们的基础教育缺失一些东西，包括动手能力。

我们金陵中学将努力把学生培养成人文和科学素养交融、具有完整人格和创造精神的人，我们希望学生身上有这样的标签。

二、课程实施及特色

1. 科技创新教育

我们学校很重视科技创新教育。2017年6月，学校组建STEAM中心，整合通用技术、研究性学习、综合实践活动等国家课程，统筹学校的科技创新教育、创客教育、课程基地建设等工作，开发有金陵中学特色的STEAM课程，重视对学生发现问题、综合解决问题能力以及创新能力和实践能力的培养。

我理解科创教育在学校的主题词，主要强调学科融合、学科整合，关注脑科学和神经生理机制，真实问题情境解决，项目式学习，复杂问题的处理和动手实践。我们把在这些方面做得比较好的同学进行了研究，发现创新素养当中的动力系统、能力系统和维持系统是学校没有办法培养的。

2. 课程资源的整合融通

学校有围墙，课程无边界。金陵中学课程的丰富性体现在打破学科壁垒，整合融通并利用校内外、国内外各种教育资源。比如我们联合高校，让学生到大学做科研；外聘师资讲授校本选修课程；国内外课程融通，请国际部外教为学生开设美国大学通识课程；多学科的整合，在“以传感器为载体的物化课程基地”建设中，整合教育资源，开发出 7 门特色校本课程。

我们每年都参加南开大学全国中学生物理创新竞赛，不是取得一等奖就是特等奖，也积极参与美国学术十项全能比赛。2018 年，金陵中学学生参加了清华大学的比赛，获得了丘成桐中学科学奖（物理）金奖。以上的成绩，得益于基于真实情境的“学习者中心”教育范式。

在合作开发方面，我们和东南大学、南京市中级人民法院和南京市邮政总公司共同开发选修课程。我们还开发了选修社团课程，孩子们很感兴趣，把科技、动手和综合学习通过社团的形式组织实施。

3. 身体、心理健康教育

一定要重视身体和心理健康教育，其他的再好，这两项有一个不行都会失效。我校的体育课是每周四堂，体育课是分项教学。啦啦操我校拿到了南京市冠军，男生也要上去跳啦啦操，小男生穿的衣服很好看，很自信，非常好。还有龙舟赛、足球赛、广播操赛、自编体能操赛，等等。我们很早就给孩子做体质检测，哪个项目好、哪个项目不好，出一份体检报告书给孩子。让他了解强项在哪里，弱项在哪里，然后去补充。

学校坚持培养兴趣和发展技能相结合、普育与特长教育相结合、定型与定量相结合。2017 年我们被选为中国中学生体育协会副主席单位，这是教育部对我校体育教学工作的肯定。

我校很重视心理教育，开展了心理咨询、心理健康系列培训、高三心理团体辅导等，效果也非常显著。学校是省级以积极心理学为导向的高中生职业生涯规划指导课程基地，基地做了大量卓有成效的工作，生涯规划有针对家长的，有针对在校老师的，有针对学生的。学校有近百名老师有生涯规划师证书，能够从内涵、意义、功能等方面对生涯规划做专业指导。

学校制订了研学旅行的课程纲要，利用高考档期组织高二学生分赴皖南、绍兴和苏州开展五天左右的研学旅行。

4. 信息技术、大数据的支撑

信息技术和大数据的支撑对未来人才的培养也是非常重要的。慕课、翻转课堂我们一直在做，在物理、化学、英语等课程中尝试把平板电脑引入课堂教学，数学学科试点推行“极课大数据平台”的教学评价管理系统，学科运用人工智能阅卷系统。

三、期待

我是一线老师，也是教育管理者，希望能增加与教育发达国家交流的机会，借他山之石为我所用。其次，希望打通义务教育阶段—高中—大学学段的壁垒，现在彼此之间禁锢得很厉害，想打通不容易。最后希望学校能够获得更多校外的资源支持。

附录

把握科技发展趋势，实现中国教育大发展

——中国教育三十人论坛第六届年会总结报告

2019 年 12 月 8 日，中国教育三十人论坛第六届年会在北京召开。围绕“科技发展与教育变革”这一主题，26 位来自国内外的专家学者发表演讲。年会发布了主题背景研究报告《教育与科技：喜与忧》。这些演讲和报告聚焦如何实现科技发展与教育变革互融共荣，助力中国教育大发展，提出了很多富有建设性的意见和建议。

现将演讲嘉宾提出的观点和建议汇报如下，以供参考。

一、用科学技术来改造教育

互联网、5G 技术，移动终端高度发达的未来，学校会成为一个一个的网络学习中心和一个一个实体的学习中心。在欧美国家，新型学习中心正在出现，打破了学校教育的结构。专家建议，中国教育界应该未雨绸缪，积极探索：重构学校的形态，建立新型学习中心；重构课程的内容，建立新型的课程体系；重构教学的方法，建立新型的项目学习；重构教育的评价，建立新型的学分银行。如果中国抓住科技进步的历史机遇，完全有可能实现教育的突飞猛进，引领世界教育发展的潮流。

二、支持社会各界对教育进行探索和创新

不少国家公办学校的改革已经风生水起，颇具规模，主要是改变传统的“教育工厂”模式，通过向学校赋权实行教育专家办学。越来越多的有识之士选择自己动手，创办小规模的创新学校。在以高技术为特征的创新学校之外，还出现了大量注重教育与生活、与儿童经验的联系，注重儿童的自然生长、身心协调发展的学校。在中国，也出现了一批各具特色的小规模创新学校。专家们建议，对这些小规模创新学校应该给予鼓励，支持社会各界对教育进行探索和创新。

三、积极应对智能时代对教育治理的四大挑战

专家们认为，人工智能、大数据和云计算技术为教育治理带来教育管理的智能化、教育决策的智慧化和教育服务的个性化。智能时代对教育治理提出四大挑战：第一，对深化教育领域“放管服”改革的挑战。第二，对推进新时代教育评价改革，克服“五唯”的挑战。第三，对构建全民终身学习教育体系的挑战；第四，对完善依法治教、依法治校带来的挑战。专家们建议，要充分发挥人工智能、区块链技术的功能与作用，利用更丰富、更先进的现代治理手段，优化教育管理方式，提高教育形成综合治理的能力，同时推进教育治理体系和治理能力的现代化。

四、利用信息技术把优质教育资源输送到农村去

教育的信息技术革命既可以缩小区域、城乡、学校之间的差距，也可以扩

大差距。“人工智能＋教育”使得个性化学习成为可能，但目前仅局限在城市，在农村还没有实现。专家们一致认为，实现教育现代化的难点和重点在农村。为了防止出现和消除教育的“数据鸿沟”，国家必须加强教育信息化公共服务体系建设，全面提高经济欠发达地区、乡村学校、弱势学校的教育技术革命的能力。应该通过提升全国中小学教师信息技术应用能力，缩小城乡教师应用能力的差距，促进教育均衡发展。通过试点，探讨人工智能技术和教师融合的新路径，探索利用人工智能促进教师教学的改革，切切实实提高农村校长的高效能力，促进乡村教师的专业水平。

五、让科技更好地赋能教师

教育将进入“人机协同时代”，好的人机融合教育具有四个特征，即技术简便、人机友好、省时省力、优质高效。专家认为，教育领域应用人工智能要处理好三个关系：第一，人工智能只是手段，目的还是要培养人，提高教育质量；第二，现代化的教育手段和传统的教育手段要结合起来；第三，在“人机协同时代”，更要弘扬“教育的温度”，加强师生之间的感情交流。

六、让孩子提前接触到世界最前沿的科学技术

未来的孩子不仅要跟全世界最优秀的人竞争，还要跟具有人工智能的机器人竞争。人工智能思维是未来社会的常识，人工智能思维在中小学阶段和数学一样重要。未来的孩子必须掌握斯坦福大学提出的“人工智能思维”的三大核心：第一，了解、掌握人工智能的基本原理，懂得人工智能是如何运作的；第二，拥有能够区分人的智能和人工智能的能力；第三，能与人工智能协作的能

力。专家建议：要让孩子们提前10年到15年，接触到世界最前沿的科学技术，包括人工智能、机器人、设计思维。用最前沿的科技去点燃孩子学习的内在动力，培养他们成为引领未来的人才。

七、重构家庭教育

现在的教育是学校、家庭、社会和校外培训机构分别对同一个学生进行教育，在技术革命的影响下，学校教育、家庭教育和社会教育的边界正在解构，教育的难点在于家庭教育的重构问题。如何将学校教育线上线下融合、学校家庭沟通协同、校内和校外衔接、学校和社区共治，这是未来教育重大的挑战。专家们认为，在全域教育时代，彼此独立的教育体系正在融合，应该重新认识家庭教育的重要性，重构家庭教育。

八、警惕高科技强化应试教育

用大数据和人脸识别技术进行学校管理正逐渐成为一种潮流。专家们认为，这些高科技既可能颠覆应试教育，也可能用大数据等技术全方位地绑架教师和学生，进一步强化应试教育。既可能真正培养面向未来的人才，也可能用21世纪的技术强化19世纪的教学。机器人超过学生的考试能力指日可待，不能将学生训练成为机器人。因此，在技术和教育的问题上，应该有一个非常清晰的、强烈的人文主义的立场。不是用信息网络来构建学校，而是通过计算机网络构建新的学习方式、新的社会关系，重构学校教育。必须警惕以高科技强化应试教育。

九、大数据时代要保护学生隐私

美国95%的学校把数据管理和分析委托给第三方处理，由于第三方以经济盈利为目的，只用数据衡量教育，所以罔顾教育的复杂性和周期性。因此，美国国土安全委员会和教育委员会曾经举行联合听证，探讨如何保护学生的隐私权。专家建议：借鉴美国的做法，国家成立保护学生隐私权研究中心，帮助学校、学区、教育局建立隐私权交易信息；提供不涉及隐私的交易网站供大家访问，而关于隐私的文件都另行保管；要明确家长的权利，任何信息的处理必须征得家长的同意；所有的第三方合同都必须做到安全、问责、透明。将所有第三方的企业信息向家长们公开，以便家长随时追责；培养教育工作者保护信息的意识，无论是教育主管部门、教育机构、公司还是研究机构，都要树立隐私保护意识，通力合作建立完善的隐私保护机制。

中国教育三十人论坛第六届年会演讲嘉宾名单

（按演讲顺序排序）

顾明远　中国教育三十人论坛学术顾问，中国教育学会名誉会长，北京师范大学教授

赵　勇　美国堪萨斯大学教育学院基金会杰出教授

蒋　里　斯坦福大学人工智能、机器人与未来教育中心主任，斯坦福大学全球创新设计联盟联席主席

朱永新　中国教育三十人论坛成员，民进中央副主席，第十三届全国政协常委、副秘书长，新教育实验发起人

徐　辉　中国教育三十人论坛成员，第十三届全国人大常委会委员，全国人大宪法和法律委员会副主任委员，民盟中央副主席，中国教育发展战略学会副会长兼学术委员会主任

周洪宇　中国教育三十人论坛成员，全国人大常委会委员，中国教育学会副会长，中国教育发展战略学会副会长，长江教育研究院院长

车品觉　红杉资本中国基金专家合伙人，香港人工智能及机器人学会副理事长

程介明　中国教育三十人论坛成员，香港大学原副校长

朱廷劭　中国科学院心理研究所研究员，中国科学院“百人计划”学者，问向实验室全球未来人才研究中心主任

赵国弟　上海市建平中学校长

蒋德明 成都市第三十七中学校长

董君武 上海市市西中学校长

张同华 杭州学军中学副校长

李希希 问向实验室总监

罗　滨 北京市海淀区教师进修学校校长，中国教育学会初中教育专业委员会理事长，中国教育学会学术委员会副主任委员

吴子健 上海市民办包玉刚实验学校校长

孙先亮 山东省青岛第二中学，青岛二中教育集团总校长

张志勇 中国教育三十人论坛学术委员会委员，中国教育学会副会长，北京师范大学教授，山东省教育厅原巡视员

曹培杰 中国教育科学研究院副研究员

张又伟 教育部教育装备研究与发展中心负责人

钱志龙 独立教育学者，百年职校总督学，探月学院执行顾问

严文蕃 中国教育三十人论坛成员，美国马萨诸塞大学波士顿分校终身教授、教育领导学系主任

林长山 清华大学附属小学课程与教学中心研究员

蔡　可 首都师范大学人工智能教育研究院常务副院长

南战军 甘肃省兰州市教育局局长

孙夕礼 江苏省南京市金陵中学校长

中国教育三十人论坛成员名录

国际学术顾问

穆罕默德·尤努斯

孟加拉银行家，诺贝尔和平奖获得者

约翰·奈斯比特

世界著名未来学家，曾任肯尼迪总统教育部助理部长

学术顾问

顾明远

北京师范大学教授，中国教育学会名誉会长

吴敬琏

国务院发展研究中心研究员，中欧国际工商学院讲席教授

陶西平

联合国教科文组织协会世界联合会副主席

张信刚

香港城市大学原校长，英国皇家工程院外籍院士

正式成员（以姓氏笔画为序）

王嘉毅 中共甘肃省委常委、秘书长，甘肃省教育厅原厅长

文东茅 北京大学教育学院教授，中国教育发展战略学会副会长

石中英 清华大学教育研究院院长，北京明远教育书院院长

朱永新 民进中央副主席，第十三届全国政协常委、副秘书长，新教育实验发起人

汤　敏 国务院参事，友成企业家扶贫基金会常务副理事长

严文蕃 马萨诸塞大学波士顿分校终身教授、教育领导学系主任

李希贵 北京十一学校联盟总校校长，中国教育学会副会长

李镇西 新教育研究院院长，成都市武侯实验中学原校长

杨东平 国家教育咨询委员会委员，21 世纪教育研究院院长，北京理工大学教授

张民选 联合国教科文组织教师教育中心负责人，上海师范大学原校长

张志勇 北京师范大学教授，山东省教育厅原巡视员

张卓玉 教育部中考改革专家工作组副组长，山西省教育厅原正厅长级督学，中国教育学会副会长

陈平原 中央文史研究馆馆员，北京大学博雅讲席教授

邵　鸿 第十三届全国政协副主席，九三学社中央常务副主席

季卫东 上海交通大学日本研究中心主任

周国平 中国社会科学院哲学研究所研究员

周洪宇 第十三届全国人大常委会委员，湖北省人大常委会副主任，华中师范大学教授

项贤明 南京师范大学教授，民进中央教育委员会副主任

袁振国 华东师范大学终身教授，中国教育学会副会长

钱颖一 全国工商联副主席，国务院参事，清华大学经济管理学院原院长

徐　辉 第十三届全国人大常委会委员，全国人大宪法和法律委员会副主任委员，民盟中央副主席，中国教育发展战略学会副会长兼学术委员会主任

程介明 香港大学原副校长，香港大学荣休教授

谢维和 清华大学校务委员会副主任，清华大学原副校长

学术委员会

朱永新　袁振国　杨东平　钱颖一　张志勇

秘书处

秘书长：马国川

执行秘书长：石岚

副秘书长：赵学勤　刘立平　任孟山